年轻，
就要对自己狠一点

让将来的你感谢现在努力奋斗的自己

李建 | 著 |

古吴轩出版社
中国·苏州

图书在版编目（CIP）数据

年轻，就要对自己狠一点／李建著．—苏州：古吴轩出版社，2014.6（2014.10重印）

ISBN 978-7-5546-0241-6

Ⅰ.①年…　Ⅱ.①李…　Ⅲ.①成功心理—青年读物
Ⅳ.①B848.4-49

中国版本图书馆 CIP 数据核字（2014）第 053597 号

责任编辑：王　琦
见习编辑：陆九渊
策　　划：杨程程
装帧设计：荆棘设计

书　　名：年轻，就要对自己狠一点
著　　者：李　建
出版发行：古吴轩出版社
地址：苏州市十梓街458号　邮编：215006
Http://www.guwuxuancbs.com　E-mail：gwxcbs@126.com
电话：0512-65233679　传真：0512-65220750
出 版 人：钱经纬
经　　销：新华书店
印　　刷：三河市兴达印务有限公司
开　　本：680×960　1/16
印　　张：15
版　　次：2014年6月第1版
印　　次：2014年10月第2次印刷
书　　号：ISBN 978-7-5546-0241-6
定　　价：32.80元

致我们有
且只有一次的人生

一直存在一个谎言：未来更美好。其实我们的人生是有限的，青春只有十年，当我们发现自己不再年轻时，会发现一切都变了。我们能做的只是年轻时对自己狠一点，未来才会对我们好一点。

有这么群年轻人，刚毕业时他们充满激情和斗志，希望通过自己的双手改变命运。在见识过大城市的繁华，领略过最丰富的文化，经历过职场风雨的洗礼后，他们开始举步维艰，虽然也在努力寻找一种叫作安全感的东西，但那份深入骨髓的孤独与无助，一直挥之不去。

他们因为居高不下的房价一个个从“适婚青年”变成了“晚婚青年”，不甘平凡的他们，偶尔也开始动摇了。继续挣扎，还是回老家？这是一个虽然考虑过无数次却又无法最终下定决心的问题。因为他们常常鼓励自己：我的人生还是有选择余地的。

从根本上来看，这些年轻人的职业迷茫与困惑，不是意识不到问题，而是意识到问题的存在，却找不到解决问题的办法。他们不知道如何去思考未来，不知道方向在哪里，也不知道怎样去寻找方向。

很有幸先于读者看到李建兄的这部作品。我经常给高校大学生做关于职场规划的培训，深知这些即将走出校门的学子和刚步入职场的新人最需要什么，那就是如何尽快融入职场并快速成长。李建兄这本写给年轻人的书无疑是一盏明灯，可以指引迷茫的你走向光明。

真羡慕你们，还年轻。

趁着年轻，对自己狠一点吧！

唯有如此，未来才能对我们好一点。

职业规划师 作家　成长分子

2014年2月26日于长沙

自序

让将来的你
感谢现在努力奋斗的自己

当今这个社会很奇怪，很多年轻人都如饥似渴地追求成功，并为赚不到大钱而焦虑、抑郁、自卑和痛苦。虽然有很多人在追求成功，但只是一边抱怨着生活的无聊，一边羡慕着那些“先富起来的人”。他们可以在网络上花去大把时间，却整天浑浑噩噩，不知道该做什么好，一天中做出的最大努力就是思考中午该吃鱼香肉丝盖饭还是蛋炒饭，而当晚上发觉又荒废了宝贵的一天后，便恨不得抽自己几个耳光，并且咬牙发狠明天一定要努力。结果，又进入之前的那个循环……

我们还在很小的时候，总会被长辈问“长大了想做什么”，多年以后，当再被问及这样的问题，很多人会陷入沉思，因为儿时的梦想已经淡忘，或已经遥不可及。为什么有些胸怀大志的人会随着时间的流逝，越来越平凡？是因为时间的无情，还是因为社会的残酷竞争……到底是谁慢慢扼杀了我们的梦想？是谁慢慢偷走我们的梦想？可能是时间无情，可能是造化弄人，还有可能是，我们把自己的梦想弄丢了。

由于自己是职业规划师的缘故，每天都会接触很多梦想成功思路上却毫无头绪的年轻人，上至去国外留学的博士，下至中专学历的基层工人。他们为了自己的工作和个人发展而焦虑、自卑，甚至还导致失眠或想自杀。详细了解他们的情况之后，我发觉，太多拥有着高学历、好专业等优势条件的人，为了一时的利益选择了一个看似稳定的工作，几年下来却一事无成，在走与留之间不断徘徊；另外有学历不高或专业冷门一族，由于缺少学历或专业作为基础，在求职路上跌跌撞撞，只知道想要赚大钱，想从事一份收入高、社会地位高的工作，想要报答父母，却很少关注自己到底能做什么；还有的年轻人在遇到挫折的时候，不从自己身上找原因，反而抱怨社会上的各种不公，好像社会公平了，自己就能有不错的发展；甚至不少人毕业几年了，求职简历还是刚实习时的微调版，只对工作经历稍加修改，仍保留着大学里的“丰功伟绩”。对于上述这样不用心的年轻人，怎能奢望他们有更好的发展呢？

范冰冰曾经说过：“我的所有努力，都只是为了让自己掌握主动。”我非常赞同这句话，因为一个人的平庸，多数不是能力不够，而是因为安于现状、不思进取，渐渐在机械的生活中埋没了自己。例如爱情，这个世界上原本就不存在天造地设的一对，只有付出努力成为越来越适合彼此的对方。谁也不比谁更聪明，但是确实有人比别人更努力。只要真正用心，分析判断能力就会不断增强，决策的有效性就会不断提高。成功总是属于孜孜不倦地坚持和永不言弃地选对方向的人。

有时候，我们需要一种危机，来激发自身的潜能，唤醒人生的激情，借此认识自己、找准方向，并持续努力，这样才能让将来的你感谢现在努力奋斗的自己。世界上最美丽的不是春花灿烂，不是夏雨飘逸，而是内心的强大。人各有志，人各有价，做到无愧于心，才能无愧于世。

自己写这本书，并不是教别人如何成功，只不过与大家一道分享我在长期的职业规划生涯中所认为的有价值的东西，同时，我也努力做到知行合一，期望能成为一个成功的实践者！

李建

2014年元月5号于长沙

目录

Chapter 1
第一章

活出你自己的样子：年轻，就是用来折腾的

Chapter 2
第二章

成功这件小事：把每一件简单的事做好就是不简单

Chapter 3
第三章

断舍离：想成大材，就得剪掉不必要的枝丫

Chapter 4
第四章

做，才能改变：生命自有精彩，你只负责努力

Chapter 5
第五章

拼的是现在，比的是将来：不狠狠逼自己一把，永远不会知道自己有多优秀

Chapter 6
第六章

好的人生离不开好的规划：不停下脚步，最终都能抵达终点

跋：写给遗失了梦想的年轻人

年轻，就要对自己
狠一点

Chapter 1
第一章

活出你自己的样子：年轻，就是用来折腾的

- 如果知道自己想要的是什么，想做什么，那么世界都会为你让路！
- 社会在变，公司在变，人也要想让自己变化。不能依赖于周围环境，更不能在习以为常中走向了平庸。驱动力来自自身，只能靠自己不断地摸索和前进。
- 面临选择的时候，如果过于患得患失，只会浪费掉原本可以用于努力的时间。

生命的根本动力就是成为自己

你是否有过这样的经历？在选择职业的时候，自己本来有着很好的职业规划和选择方向，结果被亲朋好友东说西说——这些打着“为你好”的旗号的人往往口若悬河，仿佛胸有成竹地为你出谋划策，甚至告诉你：按照我说的做就对了——最终却是你不知道该怎么选择了。

这些为你出主意的人的初衷是为你好，但他们所说的是不是你想要的人生？是否适合你？那就是另外一说了。毕竟你的人生是由你自己掌控，选择结果也是由你自己来承担。

↘ 王某毕业很久还没找到工作，因为有个问题困扰了她很长时间——不知道如何客观判断周围的信息。就拿她找工作这件事情来说，妈妈跟她说，你的性格单纯，很适合做公务员或者去事业单位；同学跟她说，你长相甜美，说话动听，适合做人力资源；很多朋友说她有亲和力和耐心，更适合当老师。这下子让王某彻底迷茫了，似乎这些人说得都很有道理，却又让人无所适从。于是，王某一脸迷惘地来问我，该如何选择。

面对身边丰富和复杂的信息，该如何甄别和判断？相信这是很多年轻人都曾有过的困惑。唯一能达成共识的是，每个人的说法都只是基于自己的阅历来判断。这就像三国时有很多谋士为刘备出谋划策，对于这些谋士来说，计策我是出了，用不用随你，对于刘备这类领导来讲，主意还得自己来拿，即使失败也是自己承担后果，这个时候考验的是一个人的分析和决策能力。

如果让我给大家提供分析思路，那就是：

如何进行选择，取决于两个关键因素：

一是你过去有什么样的经历，考取了什么学历，塑造了什么样的性格，培养出了什么能力。

二是你今后想成为什么样的人，能为此可做出哪些改变和努力。

每个人的经历都会不同，因此我无法做出详细解说，建议读者自己分析一下自身的优势和劣势，其中应该主要分析第二点，即你想要成为什么样的人，能为此做出哪些努力和改变，这是不能忽略的外在环境因素。我简单地举一个习惯性思维的例子：很多事业单位人员或公务员，他们习惯了体制内的生活方式，而身边的圈子里的人也都这么生活，这种生活的典型特点就是不一定大富大贵，但至少衣食无忧。这些人内心的深处自然希望下一代也能过上这种生活，于是用自己的想法去影响周围的人。所以，求职的时候用你身边圈子的生活来做参考，难免思维不被局限。

很多人受第一种因素的影响，习惯用分析自己的学历、专业及经历来对自己的就业进行判断和预测，这样做不仅失去对外在因素正确的判断，更容易忽略自己的内在因素，忽略了自己今后能做出哪些改变。

这个时候，我建议你要思考：能为自己喜欢的事情做出多少改变？付出多少努力？有的年轻人很认真地对我说：我觉得加班是可耻的，一份好的工作内容要强大，任务要少，要有很多假期。客观来讲，这位年轻人就比较适合做公务员或待在事业单位。可见，你在选择工作时，要多方面了解这份工作的性质、时间、强度等，思考自己是否能适应这些。比如说，咨询者王某对人力资源这个行业比较感兴趣，首先她得了解人力资源要做什么，有什么工作流程，然后再客观来分析自己，看哪些内容是自己感兴趣的，哪些缺点是能尝试改变的，哪些是自己接受不了的，这些都是综合分析的点。

此外，我想要告诉大家的是，一方面，一个成熟的人在做决策前，要多听他人的意见。毕竟父母或者长辈可以站在一定的高度上，或者会用不同的角度来看待问题，这些都可以转化成你决策时的参考，你可以用此改进和完善自己的想法，找到你的就职方向。而另一方面，一些外来的，没有经过自身消化的，强制性的，充满善意的指导、安排和建议，恰恰成为了扼杀人的学习力、创造力及自我驱动力的凶器。

很多人的成功都因勇于抉择，很多生命的精彩都因敢于折腾，那些没有自己的主见、犹豫不决的人，注定带不走天边的那片云彩。

狠狠打造自己的核心竞争力

你的核心竞争力是什么？这是我在日常咨询中经常问咨询者的一个问题。

每个人都知道核心竞争力很重要，但太多的人不知道自己的核心竞争力。因此，虽然每个人对这个问题的答案都不一样，但大都局限于一些并不能称之为亮点的内容，甚至有不少人直接回答：没有。

在我看来，之所以很多人不知道或没有核心竞争力，原因在于很多人的生活和工作过于“轻松”——不管是在校的大学生，还是已经工作的职场人士。他们毫无目标和方向可言，反而以顺其自然、无欲无求的想法来安慰自己，每天除了做一些常规的工作以外，下班以后或节假日做只是消遣和休闲，总觉得自己工作了一天已经很辛苦了，所以要好好休息和放松，日子就这么平平淡淡地度过。于是，没有养成在日常生活中总结的习惯，没有总结就不知道自己的优势和不足，不知道不足就不会针对性地改进，没有努力改进自然就没有收获，如此反复循环，大部分人逐渐在这种习以为常的生活节奏中走向了平庸。可能会在某一天面临求职或找工作的时候才发觉，自己好像没有什么积累和特长，并发觉自己多年以来一事无成，悔之不已。

我一直提倡在职场中应以“目标”为导向，以便于对自己的工作进行阶段性的检验和总结。因为工作内容大部分是简单重复的，如果不能够抓住主要矛盾，那么可能会导致看上去是在工作，但是却不能百尺竿头更进一步，更是像蒙着双眼的驴拉磨一样，看似很忙碌和辛苦，其实都是在原地打转。

人在职场，怎么能不知道自己的核心竞争力？如果不知道核心竞争力，如何能在职场中生存？如何与众多的竞争对手竞争？如何能在职业上取得更大的发展？

一个人的核心竞争力好比一家企业的核心业务，应该具备几个特点：比如价值（有用性）和不易被竞争对手模仿（独特性）。**对于个人来说，核心竞争力可以理解为一个人的品牌或价值，要求必须是比大多数人有优势的特点，核心竞争力越突出，说明个人的价值越大**。

但是，大部分人对自己的核心竞争力仅仅能说出吃苦耐劳、有爱心、亲和、做事认真或爱岗敬业等。不可否认，这些内容很重要，但这些只能算是一个人的基本特点，没有很强的差异性，好比每个人都有一张嘴巴，都能够说话和吃饭一样，没有什么特殊性，所以不能称之为真正的核心竞争力。

可以说，一个国家存在着两种实力，一种是硬实力，一种是软实力。硬实力通常是指国家的GDP、硬件设施等，而文化、制度、传媒等被称为软实力。同样，**一个人的核心竞争力也包含两部分，即个人的软实力和硬实力**。

软实力：这是一种不可触摸但是可以感知的能力，指一个人自身已经固化的或已经具备的一些共同能力，包括思考力、口才、沟通能力、协调能力、领导力等。这些能力是我们完成任何心理活动必不可少的，也是完成任何一种工作都不可缺少的。就像漂浮在大洋上的冰山，隐藏在海水下面的部分是不可见的。因此，软实力每个人都有，只是会在强弱方面有所差异。比如，画家需要具有良好的空间知觉及色彩辨别能力，而这种能力是音乐家所不必具备的。

硬实力：相对于软实力的不可触摸，硬实力相对可见。比如年轻人初入职场的学位证书、英语等级证书、职业资格证书等，这些是在职场工作的“敲门砖”。比如有些单位，就要本科以上学历，有相关行业的资格证书，或者要求英语达到一定水平，这时就需要硬实力起作用。而对于已经有工作经验的人来说，除了相关的证书或资格证外，已经掌握某项核心技能或在某个行业阅历丰富则是更为重要的硬实力。

比如一个人口才很好，善于与人交流，便是具备了很好的软实力。如果他想做一名专业的培训讲师，但没有掌握硬实力所包含的核心技能、行业经验或有相关的知识积累，那么所讲的话将无法理论联系实践，只能是纸上谈兵。因此，必须还要在行业经验方面进行弥补，才能实现当培训讲师的愿望。因此，这两个实力必须都满足条件才能成为一个人的核心竞争力，缺一不可。并且，从一个人长远的职业发展来看，最好在软实力和硬实力方面都能够突出，尤其不能让自己在某一方面有明显的短板。

很多在基础岗位工作数年的人，无法说出自己的核心竞争力及该对其如何打造——不少做助理岗位的女孩就曾多次问过我这个问题。

即使有的人知道自己的一些零散的核心竞争力，却不知道该如何进行利用。

以销售助理为例，销售助理的工作性质介于行政和售后之间，是个职场新人打杂的代名词，晋升比较缓慢，更难以上升至销售经理的岗位。曾经有位咨询者做了五年的销售助理岗位，工资待遇很低，当她想换工作的时候才发现，要么去别的公司继续从事这个岗位，要么转行，但此时却不知道转行该从何做起。

对于从事初级岗位的人来说，如何打造及运用核心竞争力呢？

从培养软实力的角度来说，不能让自己太封闭。由于很多助理岗位的工作经常需要与他人，例如销售人员、财务人员以及公司的客户沟通，要负责客户的投诉记录，并协助有关部门妥善处理。因此，可以通过这些过程来有意识地锻炼自己的文字运用能力、口头表达能力、组织管理能力和协调能力，以及锻炼自己做事的条理性。做任何一个工作都需要这些软实力，这更是胜任工作的基础，包括你平时的工作中与客户打交道时注意尽量给别人留下好的印象，都是软实力的增长途径。只要自己能够用心地积累，软实力肯定能够不断获得提高和进步。

从培养硬实力的角度来说，由于助理岗位的工作需要负责收集、整理、归纳市场行情、价格以及新产品、替代品、客源等信息资料，提出分析报告，为部门业务人员的工作及领导的决策提供参考，还有销售指标的月度、季度、年度统计报表和报告的制作与编写。这些基础工作都能够让人很好地掌握本行业的基础知识及发展动态，是成为行业资深人士的一个很好的途径。所以，这个时候可以站在一个更高的层次来看待这个岗位、公司和行业，了解这个岗位的优缺点，公司的优缺点，甚至所在行业的优缺点。

因此，处在基础岗位的你，不要只满足于把一些常规的事情做好，如果你想有更大的发展，更应该开拓自己的视野，多关注和记录所在行业的发展情况，发现适合自己的岗位。比如，在整理票据的过程中，可以熟悉会计的一些基础知识，为自己转到会计岗位奠定基础。或者可以通过熟悉产品特性及客户的要求，转到销售或售后相关的岗位上。

在一些专业性不强的岗位上，不能工作太久，只能将其看作职业发展过程中的起点和过渡，两年时间是底限。如果超过两年而没有其他积累的话，会出现高不成低不就的尴尬局面。因为此时的经济压力、工作要求和期望值已经水涨船高，一般不会想还从基础岗位做起。同时，又因为自己已经不是应届生，此时用人单位会更加看重实际的工作经验，自己会因为没有相关经验和积累而被拒之门外。

对于核心竞争力，不能仅限于知道和了解，还要切实地将其运用到实际工作中，以帮助职业发展。而转行或转岗能否成功主要取决于个人软实力和硬实力的积累程度，其形式分为内部转岗和外部转行两种。

想要内部转岗，一方面要看机遇，即公司内部岗位出现空缺，另一方面要看个人自身的职业定位和积累。

首先，结合自己的兴趣、爱好和已掌握的技能去观察公司岗位的设置情况，至少会了解公司内所有岗位的职位特点及所需的能力，然后，根据自己的特点及想法进行匹配。同时，平时有机会尽量多与公司不同部门的人进行交流，尤其是人事部门，他们可能在你需要的时候提供给你第一手的岗位需求信息，等到出现机会的时候，自然可以申请转岗。

对于小公司来说，内部转岗的几率会大一些，因为小公司人员流动大，每个人负责的内容多，如果受到老板的赏识，很容易实现内部转岗。对于大公司来说，由于每个岗位有固定的要求及工作内容，很多时候岗位的一些硬指标会导致新人难以胜任，因此更多要从外部转型来入手。

如果内部转岗很难实施，那么就要考察别的公司或行业的发展情况，用多个途径去收集各种有价值的信息，包括上网查阅相关资料，和同学或同事进行交流以及和多接触客户等。一般来说，助理可以转向行政、人事、销售或财务等岗位，也会因为个人的人脉及机遇而进入新的天地。但是这些岗位都需要一定的经验积累才能够胜任，因此，势必要经历一个潜伏学习期，然后再根据机会“伺机而动”。

因此，想在工作上更上一个台阶，必须以一个更高的标准来要求自己，而不能像学生时代那样过着“无忧无虑”的生活，每天关注的就是赚钱多少和自我感受如何，没有什么目标，整天扒拉着自己的小算盘度日。机会永远垂青有准备的人，好工作同样如此！

择业，用黑色的眼睛寻找光明

纵观社会上的各行各业，除了一些垄断行业外，并没有绝对赚钱的行业。因为每个行业都有人在赚钱，都有人在赔钱；可能这两年赚钱，过几年就会赔钱。那么，我们该如何用专业的眼光正确看待不同行业呢？

一、用发展的角度来看待行业演变

社会上很多行业的兴衰是交替进行的。比如，前些年邮局风光一时，因为那个时候通讯没有如今发达便捷，人们只能依赖邮局来邮寄信件及包裹。但是现在，各种快递公司越来越多，为人们提供了更加便捷的快递服务，让人们可以足不出户得以实现包裹的邮寄及收取，而邮局冷清了许多。

因此，我们在选择行业的时候应该有所判断，适当将眼光放长远一些。就像当初报考专业一样，现在不够热门的专业，不代表以后不会热门；而现在热门的专业可能过几年就会由于从业人员多及行业竞争大而变得萧条。但是也不能盲目求新，毕竟任何新行业的发展是需要时间的，如果没有点耐心和毅力，很可能会半途而废。

二、社会地位不是选择行业的关键

很多人把社会地位看成选择行业的关键因素，其实这是一种认识误区。比如，人们一提起几大电信运营商，就会垂涎三尺，认为这个行业社会地位高、工作稳定及福利好。我有个在里面是正式工的朋友，研究生毕业后被分到了地市级公司。虽然开始进去的时候工资待遇还可以，但是工作6年了，岗位级别及待遇一直就没有提升，并且还有下降的可能。现在工作压力也越来越大，晚上10点前很少下过班，周末加班也已经常态化，每次见面的时候总是和我不断诉苦。他只是目前有碍于现实压力，不敢轻举妄动罢了。

相反，虽然有的行业看起来社会地位不高，感觉没什么前途，其实是闷声发大财的。比如，前段时间被频频提及的中国女首富就是从“废纸大王”变成了“造纸大王”，这相信会让很多人大跌眼镜。如果说起“废纸大王”的社会地位，更可能会让很多人不屑，但是一旦能够真正做到某个行业的标杆，发展空间自然不会比任何一个行业小。

三、选择行业不可盲目跟风

行业固然重要，但是我们也不能盲目跟风，不能什么行业热就去做什么。行业有前途，可是未必等于这个行业中的每个人都有前途。

比如近两年盛行的团购网，因为比较新颖及有较低的折扣，确实吸引了太多人的眼球，很多想淘金的人纷纷涌入，出现了令人叹为观止的“千团大战”，用“爆炸”来形容这个场景的繁荣程度毫不为过。正当人们认为已经找到了一个好行业而窃喜的时候，才发觉团购业已经悄然进入了寒冬，因为行业竞争及客户忠诚度低等原因，导致大量团购网纷纷倒闭或裁员，目前仅存几家大型团购网。可见，选择行业要学会冷静判断和分析，不能够盲目跟风和追热。

四、表面热闹的行业不轻松

因为很多年轻人处在“内行看门道，外行看热闹”的阶段，所以不知道很多行业外面看起来热闹和光鲜，实则存在着很多困难。

比如很多人在路过干洗店的时候都觉得店里挂满了衣服，这说明生意一定很好，很多人会想，如果自己也开一个的话，应该能赚到不少钱，并且一次性投入不是很大。殊不知，这个行业已经到了“即使迷路了，都能看到干洗店”的饱和程度，外在的这些繁荣只是一个幌子而已。因为这个行业的发展取决于多个因素，包括店的地理位置、价位及服务等各项内容。尤其到了淡季的时候，可以说是门可罗雀，每天都在亏本。因此，这个世界是相对公平的，任何行业的高薪都不是平白无故取得的，都是需要用高于收入几倍的时间、精力和心血交换而来。

五、每个行业都需要积累

通常来说，真正赚到钱的基本上都是在一个行业里待了很久的人，因为你在一个行业里待久了才会掌握这个行业的规律。选择行业最怕的就是没有主见及跟风，别人说什么好就跟着进入，感觉不行就再换，毫无章法可言，结果对什么行业的认识都是蜻蜓点水，总属于入门级的水平，到哪里都是外行。

因此，刚进一个行业很难赚到大钱，最好能够静下心来在这个行业待上几年，即使岗位很普通，只要你的大脑不停止思考，只要你用心观察和积累，过几年后就可以成为这个行业的专业人士。社会需要的是某个行业的专才，而不是了解皮毛的通才，那种1+1是小于1的。

那么，我们该如何选择行业呢?

首先，从自己所学专业相关的岗位优先入手，可以起到事半功倍的效果。比如，很多学计算机的人不喜欢编程等技术类岗位，可能想选择销售、助理或者人事行政类的岗位，那么要优先考虑去IT行业的公司应聘，届时计算机专业背景将有助于融入公司的氛围，更好地开展人才招聘工作。因为从长远发展来看，人事专员不仅仅只停留于考察被面试者的个人基础素质及经历上，还应站在管理者的角度，从岗位所需的专业能力方面对人才进行考察，这样才能成为高级的面试官。

对于销售类的岗位也是如此，在学校学习的看似并不精通的专业知识也将有助于一个人尽快熟悉产品特性，在接受相关培训的时候会比非专业的人更容易掌握内容。同时，如果在与本人专业相关的行业里工作，还有一个很大的优势是同学或朋友将无形中成为自己在这个行业的人脉资源。这些都是宝贵的财富，对于个人以后的发展将有很大的好处。

其次，如果不想从事与本专业相关的工作，那么最笨但最有效的方法就是按照大型招聘网站行业信息进行排除法，这样可以最终确定自己能够符合3个左右条件的行业是哪些，再对那些行业进行详细调查。

选择行业的时候可能会受到行业门槛的限制，这个时候可以考虑向周围的亲戚朋友求助。因为如果有人帮助的话，可以将门槛降低。现实生活中这样做并且成功的例子屡见不鲜。

同时，现实生活中总是有太多的机遇和偶然，比如，某家公司因为有人突然辞职而刚好急着招人，而这个时候你在求职，就很可能会顺利应聘。但是这种情况是可遇而不可求的，同时往往是降临在有准备之人的身上。

最后，选择行业要考虑该行业的竞争程度、社会认可度及发展前景。比如，保险、房产、化妆品、保健品、信用卡这些行业的销售岗位，如果不是迫于生计，最好不要贸然进入。因为这些行业一方面入门门槛比较低，竞争非常激烈；同时，“铁打的营盘，流水的兵”，因为流动率大，公司每天都在招人，每天又有人因为业绩不好不得不辞职。从销售业绩来看，很多研究生毕业的人可能还不如一个只有初中学历的人做的好。另外，这些行业的社会认可度并不高，曾经有人戏称“一人在银行，全家拉贷款；一人做保险，全家不要脸”。因此，对于一些社会认可度不高的行业，如果个人不是有特长或人脉，最好不要轻易进入。

虽然在这些行业里，有人确实可以一下就拿到高薪，但并不是长久之计，这类人所占的比例远远小于从业者总数，并且发展前景堪忧。并且，一旦在这些行业待久了，找其他行业工作的时候就很容易被面试官“歧视”，因为在一般人的印象之中，觉得这些行业充满各种把戏，待过的人或多或少会被“熏陶”，我就曾经遇到过很多有过类似遭遇的咨询者。因此，不要为了所谓的高薪梦而饥不择食，还应考虑该行业未来的发展前景。

去大公司还是小公司

很多人在该选择大公司还是小公司的问题上很纠结。有人觉得到大公司工作的机会多，发展快；有人被小公司的眉毛胡子一把抓的工作作风吓怕了，认为大公司“正规一些”；也有人说，“有很多牛人在那，能学到东西”；甚至有人说“宁在大公司当喽啰，也不要在小公司当经理”……相信同等条件下，大多数年轻人都会选择前者，因为绝大部分人都觉得在大公司工作不仅视野开阔，还利于在自己的职业履历上贴金。

一、去大公司还是小公司

大公司数量相对少，岗位需求情况也有限，并且因为待遇相对好，流动率不会太高，也就注定了绝大部分人不得不与大公司失之交臂，只能“屈居”在数量众多的中小公司里。对此，很多人将没进入大公司看作是一种遗憾，在心中有了去大公司的情结，似乎不去大公司工作在同龄人中是一件很没面子的事。但是，一方面，对自己期望的岗位，大公司一般都有相关工作经验的要求，很多人的自身条件还存在着一定的差距；另一方面，即使去了大公司，也会存在着太多的不确定性。

↘ 有位年轻人，学的是比较冷门的动物医学专业，但他不喜欢从事这个方面的工作，毕业后没有找与专业相关的工作，他选择和朋友开了一家公司。公司刚刚成立不久，还在发展中。他主要负责业务方面的工作，需要不断地拜访客户，整天在外面风里来雨里去。虽然事业发展还在上升期，但是自己内心始终有一些疑问：我这样下去会不会和那些在大公司的同龄人比起来进步很慢？我以后的出路会怎样？我的眼界会不会因为在小公司而受到局限？其实他内心最想进入五百强企业做采购，以后成为职业经理人，但是放弃目前的公司又觉得很可惜。他现在最大的困惑是不知道该去大公司，还是继续留守在小公司。

相信很多年轻人都同样遇上过这个问题。的确，大公司和小公司比起来有很多好处，如果挨个数的话，恐怕手指都不够用，要脚趾来帮忙。比如：

※衣着光鲜，办公环境高档气派；

※对新人有着相对成熟的培训体系；

※专人专事，不会让员工身兼多职；

※旱涝保收，起码不会遇到开不出工资来，甚至福利也不错。

有人说，这些已经够了，我们工作不就是为了这些吗？不一定。相对完善的工作流程，意味着你的工作可能会是模式化的，创新就会少很多；成熟的开发、培训体系，未必能释放你的全部生产力。

我自己曾在几家大型的上市公司工作过几年，对于大公司里面的“世界”感受颇深。虽然公司都是上市公司，员工有几千人，市值有几十个亿甚至更多，但这些都是老板和大小股东的，和自己没有任何关系，因为公司只是会给高管象征性分配一些股票，年底不会因为盈利多而给我们分红。当亲朋好友问起自己在哪里工作的时候，自己可以满脸骄傲地说，在某某上市公司工作，那一刻确实觉得脸上很有光，会小小地满足下自己的虚荣心。但是，自己心里明白这些虚荣都是浮云而已，大公司也不过如此。

在工资待遇上，大公司普遍会比一般的中小公司高一些，但是高出的那几百块钱更像是鸡肋，食之无味，弃之可惜。因为它并不能给我们的生活带来本质的变化。我们依旧买不起房，依旧每天要挤公交，吃着便宜的盒饭，赚的钱只够养家糊口而已。但很多人却很看重这区区几百块钱，觉得多赚点总还是好的。

大公司的确会相对稳定，因为基本不会像小公司那样有突然倒闭的可能，至少能够保证几年内不用担心重新找工作。同时大公司里的工作相对惬意，但正是这种稳定性和安逸也为很多人滋生懒惰和不思进取等坏习惯提供了土壤，让很多在入职时踌躇满志的年轻人，在平平淡淡过了几年以后，在办公室里慢慢退去激情，很久也不会关注岗位发展动态。一旦出去找工作的时候才会发现自己已经和社会脱节，成了大名鼎鼎的“奥特曼”(Out Man，落伍的人)，即人们常说的“在平平淡淡中走向了平庸，而你却不知道”。

大公司里由于人员众多，管理层级比较复杂，官僚现象十分严重。比如，大公司的员工都比较习惯于使用邮件来处理工作事宜，这种办公方式确实有好处，一方面邮件具有抄送功能，员工做一些鸡毛蒜皮的小事也要抄送，可以作为向上级论功请赏的资本；另一方面，还可以作为扯皮时的证据，可谓一举数得。但也正是这种做事方式，会让很小的事都要协调多个部门的资源，导致邮件满天飞，沟通成本远远大于事件本身所需要的成本，工作效率非常低。即使如此，很多人拼了命也要去大公司，但是，在有这个想法前应该思忖下自己的实际情况。

1. 你的价值适不适用于大公司?

结合你的学历、专业及技能，考虑自己的加入能够给大公司带来什么价值。一般来说，大公司倾向于要专业对口、高学历或有较强专业技能的人才。高学历可以给大公司对外宣传本公司的人才素质水平方面有一定的帮助；专业技能是否过硬，关系到是否可以帮助公司研发出更好的产品。可见，对于一些低学历或没有一技之长的人来说，能进大公司就要看特殊岗位的需求或者自身的人脉及运气。

2. 你的性格适不适合大公司?

即使幸运地进入了大公司，但是公司里人才济济，竞争激烈，如果不甘于在一线岗位，想要所有发展的话，你必须懂规则，必须适应企业“政治”，即需要具备良好的人际关系处理能力。而对于一些喜欢自由、富有激情的年轻人来说，反而可能会因为大公司的条条框框或人际斗争而备受束缚和打击。

前面提到的那位年轻人，他现在和朋友开公司，这种情况可以说是机遇与挑战并存，工作压力很大，更会很辛苦，但是很充实，如果做好了收入自然会不错。如果坚持几年，应该能淘到自己的第一桶金。但是，这个工作对于他来说需要付出很多，不能像同龄人一样每天过着朝九晚五的生活，没有太多的休息和娱乐时间。同时，这种工作方式也对于个人的自我约束和学习能力要求很高。因为在大公司的话只需要做好执行即可，然而在小公司不仅要负责决策，还要做具体的工作任务。

在个人发展的过程中，没有人会告诉你该学习什么和补足什么，完全要靠自己在实际工作中摸索，然后进行二次学习。而对于这位年轻人来说，他自己更加喜欢这种辛苦、自由而充实的工作状态，如果他真去了大公司，受到大公司多方面的约束，反而不能够发挥出他的优势及特长。

二、公司只是平台，发展的关键还得靠自己

“天花板”现象在中国很多大型企业都存在，很多人在大公司工作数年，在职位及发展上会受到限制，自然会转向中小企业来寻求更大的发展。但是，这种想法却导致了很多问题。

我就曾经遇到过这样几位咨询者，都在国内顶尖的大公司工作过数年，在某方面可以说是经验丰富，因人际关系及个人发展空间受限等因素选择跳槽，但是在职业定位及职业适应方面却出现了问题。因为大公司里内部分工非常细致，每个人就像一颗螺丝钉，做着自己分内的工作。如果自己不主动学习相关知识，可能在大公司工作再久也只是在某个小方面比较精通，一旦出来找工作，如果该方面的岗位需求比较少，那么职业发展将很难得以延续，只能从相关的岗位从头做起，这样失败的例子已经屡见不鲜。

大公司里奉行专业人做专业事，表面上看起来是好事，但同时也隐藏着职业风险，专业分得越细，越意味着个人会更依赖于整个体系，单独一个人则做不了什么事情。虽然工作数年，一旦脱离大的工作环境，可能一无是处。以至于到了中小公司后发现自己在大公司习以为常的事，到了小公司则需要重新梳理和完善。

↘ 比如，有位在一家五百强公司工作八年的咨询者说，老板招聘他进来的时候是做策划岗位，结果做完策划后，发现还有太多的额外工作，如设计、给销售做培训等等。这种什么都要做一些的工作方式严重影响了他的工作效率，让自己觉得每天过得都很辛苦，但又没有什么成就感，所以想要尽快逃离小公司。

他的经历充分证明，大公司成熟的制度会让人产生一种优越感和距离感，觉得“这些事情不是我负责的，我就可以理所当然地推掉”。但是，这种感觉在小公司是行不通的。

我们应该换个角度来想，小公司老板肯花高于普通员工几倍的价钱聘用你过来，怎么可能仅做一项工作内容？他们看重的是被招聘者国际化的管理工作经验，根本目的更想用被招聘者在大公司积累的专业能力来带动整个公司的发展。但是，很多在大公司待惯的人觉得这种工作方式很难适应，于是想逃离小公司。

那么在上述情况下应该如何自处呢？

首先，如果你还在小型公司工作，不要因为这个原因而感到失落或自卑，更没有必要庸人自扰。大公司不是十全十美的，里面的很多员工也想跳出来。因为再好的公司里也有不快乐的员工，再烂的公司也有快乐的时光。同时，新陈代谢是社会发展的必然规律，国内的很多公司发展到很大规模的时候，一般就会面临内部费用成本增加，外部利润逐步减少的情况，这时的公司处于成熟期或者衰落期，说不定过几年就会倒闭，或被其他公司淘汰。

其次，在选择公司前，我们应该对于自己的特点加以评估，可以问自己几个问题：

※自己所在的小公司是否已经一无是处？

※到了大公司是否能确保能够发挥自己的特长？

※短板是否可以在大公司得到提升？

※是否可以拓宽视野？

还有新公司的工作环境、稳定性、企业文化、与上司的匹配度等等，这些都应该作为衡量的选项。因为很多人会在以上方面感到非常不适应，最终只能选择离开。

不同规模的公司对于个人要求的能力也不尽相同，大公司更适合那些善于运用“资源”及情商比较高的人，而小公司则适合那种喜欢“折腾”和“无中生有”的人。

有些人选择中小企业，认为可以得到更高的职位。毋庸置疑，大型企业蕴含的机会及提供的经验也是那些中小企业望尘莫及的。既然职场人必须要认真积累经验，那么就应该特别注意哪些是能够提供经验的组织，可能职业的起步不高，但未来的潜力却是巨大的。只有把根深植于沃土的树苗，才有可能长成参天大树。

最后，其实不管是大公司还是小公司，对于一个人来说不过是平台。能如何发展，更多的是看个人。如果你觉得对大公司或小公司都失望，或许是你没从根本上去尝试做一些改变，因为社会在变，公司在变，人也要想让自己变化。不能依赖于周围环境，更不能在习以为常中走向了平庸。驱动力来自自身，只能靠自己不断地摸索和前进。

用心做事是一种成功的习惯

有个矛盾的现象，很多年轻人一方面抱怨自己的工作没前途，但又找不到相对来说更好的工作；另一方面对所做的工作不够用心，每天只会以抱怨度日。我发现，他们所抱怨的职业问题，并不是没有平台、机遇和方向，只是因为他们不够用心，导致在工作上出现了一系列的问题。

↘ 有个年轻人叫小丽，她开门见山地对我说：我在一家培训公司的市场助理岗位上有一年多的时间，每天的工作内容很简单，对于自己来说挑战性不足，感觉未来的职业发展方向非常不明朗。我曾经想过去商场里销售奢侈品，但是不喜欢商场的工作环境，并且不想上晚班；也曾想过去做汽车销售，但是对汽车行业不了解，还没有考驾照；也有朋友推荐我去做房地产销售，可是自己又觉得该行业当下行情不好，可能很难做出成绩。转来转去，总是找不到适合自己的发展方向，李老师，请您给我一个职业方向吧！

我听完她的描述，感觉到她的困惑是当下很多年轻人都会遇到的问题——这是因为他们在用一种简单的标准来衡量工作。做技术的人觉得工作枯燥无味，做支撑性的岗位觉得挑战不足；工作繁忙的人想要朝九晚五，工作清闲的人想要提升工作强度。似乎每个人都会说自己的工作如何不好，都在寻找自己心中的“白马”。不过，在我看来，可能80%以上的人根本不需要绞尽脑汁地想转型，只需把自己的心思放到本职岗位中，困惑的问题就会迎刃而解。

我们常说，一个人最大的敌人不是别人，而是自己。如果能不断地战胜自己，那么自己在某种程度上就是一个胜利者。起初，我虽然知道这句话，但始终觉得自己之外的“敌人”更多，直到后来偶然的发现，才让我的想法发生了很大的转变。

我的手机里有几款游戏，最喜欢玩其中一款叫作赛车的单机游戏，这可以让我在繁忙的工作之余感受到赛车带来的速度和激情。这个游戏有两种比赛模式，分别是职业赛和挑战赛。开始我比较喜欢玩职业赛模式，因为每当达到一定积分实现过关时会很有成就感。但是随着玩的次数增加，我对跑道逐渐熟悉了，在哪个位置有什么障碍基本上都很清楚了，我发现过关以后的那种成就感逐渐在降低，于是便对这款游戏的兴趣也降低了。偶然有一次自己突发奇想，想尝试下挑战赛模式。这个模式与职业赛最大的区别在于，它没有固定过关分数，而是每次会把玩家最高分数设置为最高分，玩家每次都要来挑战这个分数，超过了就算过关了，然后就会不断设置更高的目标。与之前不同的是，一段时间玩下来，不仅游戏的分数越来越高，自己的兴趣和成就感也日益增加。

其实，这款游戏的两种模式不就是职场中两种不同的生存状态吗？职业赛模式好比我们通过自己的努力来实现别人布置的任务，过关后的分数可以比作上级的一句表扬或认可，自己也获得一份成就感。如果没有通关，自己会沮丧，布置任务的人也会不高兴。也就是说，我们无形之中将自己的喜怒哀乐完全寄托在别人限定的范围内而忽略了个人的想法。当然，如果工作任务的内容总是一成不变，随着时间的推移，成就感和兴趣降低是意料之中的事情。

如果你目前可以很好地完成“职业赛”模式，是否可以分散一些注意力放到“挑战赛”模式下呢？即我们不断地给自己设置更高目标，然后实现并突破它，接下来设置更高的目标，可以从做事内容、服务态度、工作效率及方法上来不断地提高标准。我想，最后的结果必定会和前者大相径庭。由此看来，人最大的敌人不是别人，而是自己的惰性和态度。如果你工作几年下来，还是一副只会循规蹈矩的样子，则说明对自己的要求太低了。

如果你觉得自己还在职业方向上迷茫，应该先想下自己是否只是进行着“职业赛”模式，那不妨在换工作前试着将其改为“挑战赛”模式。即使这样做在目前公司的发展有限，至少具备了较高的工作能力以后，便会有更多的职业选择和机会。

如何做出对得起自己的选择

“选择大于努力”这句话已经深入人心。但是，现实中面临选择的时候，如果过于患得患失，只会浪费掉原本可以用于努力的时间。

↘ 有一名来自农村的孩子，因为缺乏对自身的认识，无法给自己定位，同时缺乏兴趣和梦想，所以不知道自己可以干什么和想干什么。他很羡慕那些有梦想并一直朝着梦想努力的人。虽然他不怕吃苦，但更无法忍受没有方向、漫无目的的日子。没有谁喜欢看不到未来的日子。这个孩子辞职在家已经半年多了，每天在家只是上网查找资料和思考到底该怎么选择未来的职业方向，一直没有下定决心该如何走。

这个年轻人的想法很有代表性。在我接触过的年轻人中，不少人每天都在想该换什么样的工作，什么行业有“钱途”，自己的未来在哪里等问题；甚至还有人辞职几个月专门来寻找方向，他们的理由是“当走错路的时候，停下来就是前进”，但其实这是一种非常不可取的行为。

首先，“选择大于努力”的道理是没有错，但是忽略了一个问题：对于很多涉世未深的年轻人来说，如果没有足够的行业积累和社会阅历，职业方向是很难凭空想出来的。他们看到的都是一些行业表面的东西，在实施过程中，失败率也非常高。

其次，工作积累的不仅仅是技能和微薄的收入，还有一个人看世界、看社会和看职场的眼光及价值观。这些都是需要在与人交往及处理问题的过程中用心观察和领悟的，而不是待在家里闭门造车的结果。

最后，很多人辞职在家时间太长的话，容易养成很多不好的习惯，比如每天晚睡晚起，生活过得很颓废，不仅浪费了很多宝贵的学习时间，还出现了很长的职业空白期，逐渐与社会脱节了。

我发现一个奇怪的现象：很多受过高等教育的职业困惑者，有百分之八十的时间在思考，思考人生的意义、生命的价值、个人的尊严及社会正义感等问题，而百分之二十左右的时间在小心翼翼地探索和找工作，然后在找工作无进展的情况下重新选择。与此同时，他们个人的动手能力、自信心和冒险精神也在逐渐退化。最终，他们成了“理论上的巨人，行动上的矮子”。

相反，那些没有接受过高等教育的成功者，很多人不会花太多的时间考虑人生意义及生命价值等深层次的问题。他们心里有着明确的职业目标，那就是不断地前进和发展，因为停下来就可能被淘汰。因此，他们大部分时间是在实践，反复地实践，即使失败了也迅速爬起来。因为他们清楚自己的目标是什么，而且会坚定地走下去，最终取得成功。

慎重择业本身并不是一件坏事，但如果把握不好尺度的话，却很容易走入另一个极端。因为太多的人奢望找寻一条百分百成功的路，他们自认为走了很多弯路，所以接下来不想再多走一点弯路。但是如果这种得失心太重的话，反而会过犹不及。

宁可去外面碰壁，也不要在家里面壁。思考和执行的时间应该按照“二八原则”来进行，即百分之二十的时间在思考和总结，百分之八十的时间在行动。不要花太多时间思考太多虚无飘渺的东西，应该把时间多放在执行上面。

很多文章里提到“选择比努力更重要”，很多人曲解了这句话的本意，认为选择比努力还重要，认为既然如此，那就应该仔细选择、慢慢选择。但是很多人往往是选择越多、选择越久，越不知道该如何选择，所以迟迟不能做出决定。这是非常不可取的行为。

这些人在潜意识中总有一种假设，认为世上一定存在一种最适合自己的职业方向，于是不断试图去寻找；认为一旦发现后，就不会遇到麻烦，就会一帆风顺，稍加努力就会立竿见影，就会出类拔萃，就只会有成功不会有失败。但职场其实并不是这样，没有哪个行业里只有成功，没有失败，并且按照二八定律来说，每个行业肯定只能有百分之二十的人能够脱颖而出，大部分人只能是剩下的百分之八十。

没有哪个职业和方向一定是最好的。好比我们找对象一样，只能是在限定条件下，在我们自己能够认识到的可能中，挑选一个自己认为最合适的。也许由于我们自己各方面的局限，选择的职业道路不是一条捷径，但是只要坚持走下去，就一定能够走出黑暗。相反，三心二意的人只会在黑暗中原地转圈，投机取巧的心态更会害人不浅。

我一直觉得，如果明白一个道理不去做，还不如不明白为好。你若不明白，也许还可以说不知者不罪；但你明白而不去做，别人好像只能给你个“傻瓜”的称谓了。我想起了一位朋友的话：“很多时候，做出错误的选择也比不做出选择好。”当我们迷茫的时候，也许更应该下定决心，努力前行。

我在和很多饱尝艰辛的人的交谈过程中，屡屡问到最让他们后悔的事是什么，他们的回答不是走错了方向和做过多少错事，而是当初浪费了太多的时间，于是发出“时不我待”的感慨。这些回答同样告诉我们，在面临职业或方向选择的时候，不宜花太长的时间，毕竟花几个月甚至更长的时间来单纯性地选择并不值得。成功没有一个固定套路，并且也包含了很多不确定因素，也许费了九牛二虎之力选择了一个看似前途无限的行业（先不谈是否真的前途无限），但是在漫长的选择过程中已经错过了很多宝贵的东西，诸如时间、机遇、人脉等。如果将这几个月的精力全身心地用在如何改进本职工作和提高人际关系层面上的话，肯定就会有很大的收获。

同时，在经过几次尝试以后，如果还不能够成功，就应该对自己有个客观的认识，说明自己目前的能力和岗位需求有一定的差距，从而采取现实一些的策略，先从门槛稍微低点的岗位做起，然后逐步积累，达到岗位要求，而不是固执地一条路走到黑，不达目的不罢休——这种“坚持”不要也罢。

从欲望的手中夺回理想的真谛

人生在世，离不开柴米油盐，而这些生活必需品，没有慈善机构免费派发，是要人们用钱来买的。因此，钱对于人们来说是一种必需品。或许正因为如此，在职场中，很多人选择一份工作时会习惯性地把工资高看作就业的最高标准，完全不顾个人的具体情况。

有个年轻人对我说："我现在毕业两年了，一直做财务工作，由于发展缓慢，现在转做销售了。"

我问她："你为什么放着好好的财务工作不做，而选择做销售呢？"

她说："做销售的原因主要有两个方面：一方面是与财务工作相比，自己对销售更感兴趣；另一方面，也许是最重要的原因，就是做销售能够改善自己的经济情况，并且以后如果有机会自己创业的话也会有帮助。"

她继续说："现在和我一起租房住的表妹，当初读不进书，连高考都没有参加，拿到高中毕业证就出来打工了。由于人长得还算漂亮，便做了四五年房地产行业的置业顾问，现在房子买了，车子也买了，并且，每天早晨我都已经出门上班了，她都还没起床。每天她已经下班很久了，我才回到家里。面对这些我感觉很惭愧！有时候我会想，我们同样是人，为什么她能通过做销售赚到很多钱，而我不能？我很想改变这一切！但是，现在自己已经做了两个月的销售，业绩并不好，被销售额压得每晚失眠，也濒临被公司淘汰的境地，感到很苦恼。”

听完她的诉说，我的感觉是，她的想法听上去貌似很有道理，毕竟一个没读过大学的人通过几年的奋斗都可以有房有车，而正规大学毕业的她，掐指一算，靠工资实现有车有房的这个梦想遥遥无期，换一种行业或许真会改善这种情况。但她的认识中存在两个误区：

第一个误区是把赚钱当作职业的最高理想，却忽略了自身的特长和积累。如果完全以赚钱作为衡量标准，街边上卖炒货的人或者开出租车的司机，如果生意好的话一个月至少有上万元的收入，而她肯定不会去做这些，因为这样的工作不够“高级”，丢大学毕业生的“面子”。

另一个误区是没有从长远角度考虑职业的发展。虽然她看到表妹有房有车，但是，她没有看到别人已经积累了多长时间，之前都做过哪些工作，付出了多少辛苦……如果仅仅把拿钱作为衡量的唯一标准，就像是漂在海面上的冰山，人们看到的只是浮出水面的那小部分，但成就一份职业的往往是水面下的十分之九。

↘ 我经常做一些就业小调查，如果问被调查者：你十年后的职业目标是什么？他们往往一脸茫然或者摇着头说不知道；如果问他们：你希望自己十年后赚到多少钱？他们往往不假思索地说，当然是越多越好，至少几千万吧！可见，如今的年轻人只关心自己在十年后能够获得多少钱，而对于如何实现这个目标及怎样铺设蓝图却一无所知，一点不思考。

这个年轻人才24岁，这是多好的年龄！本来她是一个可塑之才，但现在已经南辕北辙，完全背离了最初的职业发展轨道和方向。尤其当她多次明确地告诉我，她出来工作就是为了赚钱时，我实在不能接受她的这种观点。因为人如果过分看重金钱就会变得没有理想，变得世故，一个年轻人没有了理想就意味着失去了前途，即使前期赚到一些钱，也只能是一些小钱。

↘ 我曾在一家网站看过一个调查：假如你现在突然中了100万的彩票，你还会工作吗？调查结果显示，有82%的人选择不工作，10%的人选择继续工作，剩余的人选择到时候看情况再说。

我以前也会选择不工作，觉得挣到了足够多的钱就可以实现相对的财务自由了。但是，随着年龄的增长，自己越来越感觉到当初想法的浅薄。

不工作的人生就真的那么美好吗？工作的人生就真的是苦难无边吗？**其实，工作这件事不仅仅能赋予我们每个月的工资，更能在这个过程中体会成就感和价值感**。不工作则体会不到这些乐趣，就像一些全职女性总有这样一个想法：老公的工资不错，家中衣食无忧，加上自己讨厌职场人际关系的是与非，所以有在家做全职太太的想法，这样不仅可以照顾家庭，还可以好好享受生活。对此，我对她们的忠告是：如果没有特殊原因，女性还是应该有自己的一份工作，不一定是为了钱，而是在工作的过程中，自己的行动和想法会随之进步，不会和社会严重脱节。因为在如今高速发展的时代，如果思想相对闭塞，肯定会逐渐被社会淘汰。

我多次和前来咨询的年轻人说，**我们做工作的目的有三个：**

第一是为日后的创业积攒经验，积累资金；

第二是为日后有可能从事的行业积累经验，储备人脉关系；

第三是在这个行业里做出成绩，努力地往上发展。

我觉得我说的这话很中肯，可是随着时间的推移，我发现有很多人还是不能正确合理地看待工作，变得越来越没有理想。仅仅为了眼前的利益，为了几百块钱的工资，什么就都可以说出来，什么都可以计较。

工作和钱从某个角度来说可以划等号，因为工作的目的之一是为了赚钱。但是，我们在看待和选择工作的时候，不应该仅仅看到钱，工作和钱终究是两码事。只要努力做好手头的一切，该来的始终会来，千万别太着急，如果你失去了耐心，恐怕以后只会失去更多。

如果你知道去哪，全世界都会为你让路

某体育品牌广告的一段广告词，是我很喜欢的一段话：

“不知道未来的路，怎样……

“但可以确定的是，我会一直走到最后……

“如果知道自己想要的是什么，想做什么，那么世界都会为你让路！

“谁能挡住你？是别人，还是自己？如果你知道去哪里，全世界都会为你让路！”

这段广告词的意思是告诉我们每个人都需要制订一个适合自己的目标，然后努力去实现它，那么你就会成功，全世界会为你让路！

> ↘ 有调查显示，95%的同学表示自己两年内要做主管，5年后成为部门总监；77%的同学说，35岁之前要成为年薪55万—100万的职业经理人；还有20%的毕业生表示毕业后10年之内上《福布斯》等知名杂志的富豪排行榜。

很多人其实在上学的时候就在关注和研究自己的未来发展，比如通过做职业测评了解自己的性格，买一些职业规划的书籍来研究职业

规划……但一直到毕业几年了，还是没有得出什么结论，即使自己规划了，也因为规划的可行性不强，导致现在所从事的职业和当初的规划风马牛不相及。他们由此说性格测评不是很准确，职业测评的结论更是让人啼笑皆非，和“算卦”差不多，自己就按照职业规划书籍里面的方法去规划职业，可是没什么结果就卡住了，无法得出切实可行的执行步骤。最后他们说：“李老师，您说职业规划到底有什么用呢？能切实地帮到我吗？”我听完后不禁哑然失笑。职场和职业规划都是很高深的学问，不管你是否认可，职业规划肯定能够帮助咨询者解决问题。

其实，想要做好职业规划，不仅仅靠看几本职场小说或专业书籍就能得到要领，抑或是冥思苦想就可以参悟的，而很多时候需要多年的阅历和长时间的知识积淀，这也是大多数职业困惑者所欠缺的。因为，同样一句话，不同的经历、不同年龄段的人，读出来的意义和深度是不一样的，有过类似经历的人自然会产生共鸣，指导意义肯定也就大相径庭了。

很多人之所以有职业困惑，首先因为在很大程度上缺乏对自己的清晰了解和认识，其次面临选择的时候又因缺乏思考和阅历限制等原因而犹豫不决，所以做最终决策时不是通过科学分析，而更像是“下赌注”来决定自己未来的发展方向。其实如果能够换个角度来看问题，你会觉得自己所困惑的问题其实如此容易解决。

别人经常问我，职业的成功主要取决于什么？其实简单来说取决于你的Vision、Tolerance、Action和Opportunity。Vision是视角，指你看待问题的角度和层面，是否对于事态发展有长远性和前瞻性。

Tolerance是气度，指你看待事情的时候是否能够不计较暂时的一城一地的得失，而能始终不渝地朝既定目标努力。Action是执行力，则是看你是否能够在漫长的岁月里忍受住寂寞和坚信自己能够“十年艰辛无人问，一举成名天下知”，从而厚积薄发，客观面对“诱惑”。Opportunity是指机遇，这点很重要，但是如果前三点你没有做到，机遇即使有了，恐怕你也看不到、抓不住和做不了。所以不要埋怨自己运气不好或者没有背景关系，大部分人的起点是一样的，失败者从来擅长给自己找借口，而成功者只会找方法。

把就业、职业、事业混为一谈，在就业问题上就会显得优柔寡断，应把就业当成一生中带有定格性的事情来对待。徐小平认为人生职业分为三个层次：一是就业，维持生存；二是职业，从事比较稳定的工作，满足基本的物质需求；三是事业，这个层次不仅有丰富的物质生活，更有精神上的满足感。**正确的做法为：先就业，后择业，再创业**。

刚入职场第一步就是找个安全的落脚点，第二步应培养职场初步的成熟度，第三步应把一些经历转化为工作的能力，第四步则应在行业中在选更合适自己的位置。

根据亲身经历及多年观察，我发现大部分人的职业发展历程主要分为四个逐层递进的阶段：大学期间关注个人兴趣及社会行业发展，毕业三年内关注自身岗位发展，毕业五年后关注行业发展，毕业十年后关注产业发展。这也就告诉我们大部分的人不太可能在学校或职业发展初期就拥有一个我们希望为之奋斗终生的职业，而是从一种懵懂的状态，在为谋求生存而就业的过程中，一步步发现了我们愿意为之终生发展而从事的职业，并随着条件的改善和追求的提高，最终找到了为实现人生价值而所做的事业。我们了解了职业发展的历程，将能更加客观地看待自己的处境及下一步的发展目标，不至于让自己迷失或否定自己。

我接触过很多综合素质非常不错的大学生，他们性格开朗，是老师喜欢的类型、同学羡慕的对象，并且对自己的优势也非常了解，在学校积极参加社团组织，也锻炼了不错的交际能力，有着一种很强的优越感。但正是这种优越感，让他们在毕业的时候无法找到适合自己发展的工作时，显得比常人更加不自信，究其原因就是他们大学期间的眼光和视角更多停留在“象牙塔”里面的人和物上面，没有做好充分的心理准备。况且现在的大学教育更多的是奉行一种素质教育，而不是技能及社会经验的实际性的教育，忽略了社会发展及岗位信息，自然也就无法实现让自己和社会上的职位进行匹配。即便蜻蜓点水般地参加了几项社会实践，大多数情况下对各行各业的工作究竟如何开展，其中的从业者需要什么技能，他们的工作状态如何，他们面临哪些压力与痛苦等问题几乎一无所知，所以在找工作的时候一筹莫展。并且很多人的社会实践也显得不分层次、没有计划，不能到了大四了还在街上发传单——这样的事情应该是在大一或大二进行的，到了大三就该抽时间去正规的公司去实习了，大四则是应转向职业化和专业化的具体执行阶段了。

很多刚毕业或毕业三年的咨询者困惑的主要表现包括：每天的工作在他们看来只是简单的重复，没有技术含量可言；他们急切地要找一个有前途或为之奋斗终生的职业或行业，而自身尚未具备做大事的专业能力和水平；看待行业总是带有很大的盲目性和片面性，对很多的东西了解得太朦胧，大多都仅仅停留于“听说”的阶段，没有真正去实践一下——这恰恰是大部分人没有把想法变成职业的原因。但不管怎样，**初入职场的人都需要一份初级的工作来让自己维持生计和进行过渡，无论它看起来多么琐碎、多么微不足道，你都必须接受它，并且尽自己最大努力做好这份工作，两年后会有你意想不到的结果。**不要在漫漫岁月、安逸的环境或平缓的工作节奏中，把开始的那份激情和斗志慢慢消耗，也就是我们常说的“温水煮青蛙”，即使有机会，到时候你已经没有勇气和能力“跳”出了。有人说，“怀才就像怀孕，时间久了才能看出来”。如果你觉得自己有才，那就时刻准备着，一旦有机遇就可以抓住。如果一时之间没有作为，不妨再给自己一段时间；如果还是没有机会，那你就想办法去创造机会，把你的才能展示出来，而不是盲目跳槽了事。即使跳也应该在充分了解行业及岗位的情况下再做决定，因为那个时候你将更加坦然和淡定，而不是在跳和不跳之间的纠结中度日。

↘ 前几天有个三十多岁的咨询者告诉我，她从事客服岗位近8年了，很早就知道自己在公司已经没什么发展前途了，所以从5年前就有了转行的想法。但是她又不想放弃现在稳定的生活，况且还没想好转什么岗位，于是日子就平平淡淡地过着，只是偶尔在某个夜深人静的时候想不到自己的未来在哪里，出路在哪里时，压力才油然而生，才开始急切地想出路。但是这种“晚上想想千条路，白天醒来走老路”的做法，决定了她直到现在还没有成功转行，反而那种蠢蠢欲动的想法一次又一次让她感到痛苦。

转还是不转，是个问题！转的话，转什么？不转的话，继续迷失自我吗？据我看来，她目前的情况停留在职业发展历程的第二个阶段，已经具备了一定的专业及行业知识，但是还没有实现向第三个阶段跨越的资本。她舍不得放弃目前这个“鸡肋”岗位，但也没有以一个更高的视角和层面来关注行业甚至产业的发展。其实这种现象，对于工作了5~10年的人来说确实都不陌生，大多数人很难达到第四个阶段，甚至有的人还在第一个阶段徘徊，找工作的时候还是一头雾水，制作简历的水平和刚毕业的时候是一样的，现在找工作用的简历模板及内容还是以前毕业时的，找工作的效果自然可想而知了。

我个人认为，**人在每个年龄段就应该做每个年龄段的事情**。你在上学的时候就应该去好好读书和开阔自己的视野，享受大学生活，但同时不荒废学业。你在刚毕业的时候就应该做点简单而基础的事情，并且要重复做，因为那样你才能对于底层的工作有最本质的了解。如果你连简单的事情都做不好，何谈做好大事？而毕业5年后就应该对所在行业有自己的深刻认识及见解，并且寻求往管理岗位或技术专家方向发展。如果你还是做着基层的岗位，和刚毕业的学生竞争这些基础岗位，大部分时间关注于柴米油盐的琐事，那么你的职业之路肯定会越走越窄。毕业10年后的时候就应该在理解行业的基础上向产业方向发展了，因为那个时候你手中的资源和积累应该让你有个更高的起点和追求了。而中国人普遍的一个现象即是“小富即安”，所以到达这个阶段的人可谓凤毛麟角。而一旦能够到达，则会成为很多人崇拜的偶像。其实成功人士并没有你想象中的那么神秘，只是他们没有满足于现状，有计划、分步骤地走好了每个阶段，你和他们其实只是1~2个阶段的差距，Just so so（仅此而已）！

你现在知道你想要什么，该做什么，想去哪里了吗？如果知道，那么全世界都会为你让路！

Chapter 2

第二章

成功这件小事：把每一件简单的事做好就是不简单

♠ 每个人都想成功，都会为成功付诸行动，这就是“复制”的过程。但是成功效果却很难实现，“粘贴”的过程并不简单。

♠ 人生的精彩之处在于机会并不仅仅只有一次。

♠ 与其张着嘴巴等待天上掉下可遇而不可求的馅饼，还不如自己动手，掌握制作馅饼的能力。

♠ 没有经历过破茧之痛，很难能锻炼出抗击风雨的翅膀，即使遇到一些看似机会的“机会”，也往往因为无法胜任而使自己成为过客。

当心！别陷入成功学的沼泽

大大小小的培训机构遍布全国各地，最火的便是打着能帮助你“实现人生价值”、“开发个人潜能”、“三个月赚到一百万”、“有车有房”、“三十五岁以前退休”旗号的成功学方面的培训课程或讲座了，成功学大师也相应地满天飞。在成功学的逻辑中，如果你没有赚到“豪宅、名车、年入百万”，如果你没有成为令他人艳羡的成功人士，就证明你能力不行，犯了“不成功罪”。

在这个急功近利的年代，到处都宣扬着成功唯物论，天地间弥漫着一夜暴富的心态，这也对成功学的推广起到了推波助澜的作用。大街小巷的书店或书摊随处可见十元一本的名人传记或如何教你成功的书籍。如果细心观察就会发现，总有一些年轻人蹲在火车站或者汽车站候车大厅的某个不起眼的角落里，捧着一本某名人的传奇经历或经典语录在埋头苦读。看他们的身影，我心里不由自主地想，如果他们真的把这些书中的教条当作金科玉律来看的话，很可能只会离自己的职业梦想越来越远。但无论真相如何，还是有很多人趋之若鹜。他们天真地认为，只要读完了这些书，就能提高自己的眼界和境界，让自己更加接近成功。

↘ 曾经有一位年轻的咨询者说，他觉得上大学没什么用，所以没有去上，而是准备走一条属于自己的成功之路。他最崇拜的人是唐骏，希望自己日后也成为打工皇帝，并且已经把唐骏的那本《我的成功可以复制》看了很多遍，对于成功学的理论，他也能侃侃而谈。在高中毕业后的两年间，他参加过两次成功学速成班，其他大部分时间在家里自学电脑、经济管理、英语、烹饪、健康知识，以及锻炼、创业等，积累了不少知识，但还没有做出什么突出成果。目前每天还在坚持学习，也热爱学习，他觉得自己坚持学习就一定会成功，“知识增长了，能力也会增长”，这段时间他正在家自学《中华人民共和国职业分类大典》。

我问他：成功学课程的作用大吗？他告诉我，在培训过程中和培训完的几天内都是信心满满，对未来也充满了希望，但现在不仅一事无成，生活也陷入了困境。虽然每天看似很忙碌，也很努力，但离成功却似乎越来越远了。他不知道的是，成功学，很难学！

成功学是把双刃剑，不得不承认有其积极向上的一面，也有其适用的人群——它改变了我们的消极思想，使我们愿意为充分发挥自己潜能而努力，我们也因此获得相当的收益。所以，一旦有其生长的土壤，成功学就能开出成功的花朵。

但是，并不是所有上过成功学课程的人，都能够获得所谓的成功，而成功学的夸大效果更加使得这些人觉得自己犯了“不成功罪”。“三个月赚到一百万”，此类的成功学所展现出来的浮躁也同样的明显，教给你的更多是一种意识或精神层面的东西，煽动性比较强。比如，成功学会告诉你，“只要努力和拼搏，就一定可以成功”，但没有告诉你成功需要具体结合每个人的情况，以及该朝哪里努力，如何努力，该注意哪些细节等。很多年轻人还处在世界观和价值观形成的关键时期，因为自身阅历不足，很容易受到外界因素的影响，而这类书籍中普遍有着激昂的文字、扣人心弦的情节和巨大成就的展示，很容易就可以让年轻人产生强烈的共鸣，唤起他们对于美好未来的期望，时间久了就会在一个人的脑海深处形成一种潜意识，认为自己也要过那些名人或成功的生活，达到生活富足、事业有成、成功自信的状态。

梦想中的职业前景很辉煌，现实的大部分人却如此渺小，因为他们不得不面对诸如学历不高、专业不好、能力不足和生活压力大等一系列问题。大部分接受成功学熏陶的人受生活和社会阅历的限制，仅仅停留在一种“成功信念”之中，想实施可不知道具体该怎么实施，并且，那些例子中成功人士的背景和时代已经一去不复返。所以这类成功学并不具备太多的参考价值。

而成功学的激励作用并不会持续很久，当“信念”逐渐散去时，当心里受牢骚或迷惘冲击时，我们会陷入一种更深的迷茫之中。所以，个人觉得成功学从某个层面来说，最终的作用就像一种精神鸦片，能让你得到短暂的欢愉和爽快，但这种感觉是短暂的，并且容易上瘾，一旦沉迷于快速成功的漩涡中，就不免会因为眼高于顶而忘了看自己脚下的路。最终可能会因为执迷于成功学而一败涂地，在困惑的泥潭之中越陷越深，让本属于自己的成功离自己越来越远。

学习和模仿别人的成功过程的想法本身没有什么错误，关键是你如何正确看待和过滤无用信息。很多写成功学的人都没亲历过成功的具体过程，他们只是在一个狭小的空间内进行理论上的创作和杜撰，很多情节非常理想化，欠缺实际指导意义。即使有些名人传记是自己写的，但也是在别人的帮助下多次“提炼”而成的，因为他们的目的就是要“神化”自己。所以不要全部相信成功学中所说的内容，因为很多成功的“关键因素”已经被淡化或被神话了。

每个人都想成功，都会为成功付诸行动，这就是“复制”的过程。但是成功效果却很难实现，“粘贴”的过程并不简单。

首先，如果一个人看了太多神奇的成功案例，大脑里充斥了太多的大道理，那么这些理论会对他的思维方式产生很大的影响，想的时候心潮澎湃，说的时候头头是道，做的时候却愁眉苦脸。我们都知道一加一等于二，即使我们不知道这结论为什么成立，但是从小老师就这么教育我们，看得多了，听得多了就在大脑里烙下深深的印记，只要出现一加一的时候，我们的第一反应就是等于二。但是突然有一天，有人问我们一加二等于几时，很多人可能就困惑了。因为我们没有分析和深究一加一的基础，不知道这是根据什么定理推导而来，受到什么因素的限制，是不是还可能有别的答案，这些我们都不清楚，只是记住了一个简单的结果，自然不知道下次该如何面对其他的问题。这个时候，我们不仅要知其然，还要知其所以然。

我并不是全盘否定那些无比光鲜的成功秘籍，对于里面提到的先进的规则、方法、思想、观念，尽可以先简单照搬，有了实践经验之后，再进行探讨和取舍。但是，对于奋斗的步骤、过程，目标的设定，则一定要结合自己的实际情况来决定。

其次，如果一个人满脑子都是自己做伟大人物的念头，这种念头的危害是很大的。一是你总是会对自己失望，直至迷茫不已，因为现实总比想象复杂一些，你的起点和机遇总是不够给力；二是让你总不能心甘情愿地生活于现在时，也就导致了你无法集中精力学做一件事，更多的时间是在空想、迷茫中度过。个人认为，一个人只有在心态上做好了迎接平淡的准备，才能够踏实下来，然后在积累中成长，这样才可以创造属于你的辉煌。

任何人的成功都是天时、地利与人和来综合决定的，你可以有机会，但不一定有能力；你可以有能力，时机却不一定适合，这也就造成了绝大部分人总是与成功擦肩而过的现实。就像很多人总说自己有个多么好的项目，只是缺乏资金支持那样，其实真正提供了资金，他们也很难做好。因为一个真正有能力但仅仅缺钱的人不会被钱难倒，相反一个缺能力的人总是会说自己被钱给难倒了。但是我们也不必为此感到惋惜，因为人生的精彩之处在于机会并不仅仅只有一次——只要我们把大部分的时间用在提高上。我们都明白，不是所有的人都能功成名就，但是平凡的我们还是可以获得属于自己的小成功。至少可以证明你曾为了目标努力过：为完成工作可以几天几晚不睡，为取得的成绩欢欣鼓舞，为了一点失误而潸然泪下。

曾经有位年轻人告诉我，他硕士学位，本有一份让同龄人羡慕的高薪稳定工作，但在毕业初期心高气傲、踌躇满志，不满意这种缓慢的晋升过程，一心向往快速而巨大的成功，认为只要自己想做，没有什么能够阻拦他，还把“Nothing can stop me”（没有什么可以阻挡我）贴在墙上，以此激发自己的斗志。但期望得越高，被现实打击得就越痛。在经历多次挫折和碰壁之后，他开始将主要精力放在这些成功书籍或名人传记研究上面，认为自己读懂和读透这些书籍以后，工作能力和思想深度方面就会得到升华。结果可想而知，几年下来，他还是一事无成，而整个人早已疲惫不堪。

虽然现实生活中也有一夜暴富的人，或许你我身边都可以列举出例子来，但是这种亿万分之一的几率太小了，并不适用于我们大部分人。因为我们的家庭背景、教育背景及知识结构决定了我们很难追赶那些职场精英。“与其临渊羡鱼，不如退而结网”，这句话告诉我们，与其张着嘴巴等待天上掉下可遇而不可求的馅饼，还不如自己动手，掌握制作馅饼的能力；与其花大量的时间和精力研究离自己很遥远的成功书籍，还不如把视角进行调整，多去看看周围人的工作状态和与自己有关的行业是如何经营的。正所谓“三百六十五行，行行出状元”，现实生活中的人和事会对你的发展起到很大的参考价值和借鉴意义。比如，不少人觉得擦鞋不过是小打小闹，做不成气候，赚不了大钱，但如果你细心观察会发现，有的擦鞋工生意很好，客户源源不断，月收入可以过万。所谓能力可以包括某一门技术型的工作，也可以是对于行业和人脉的积累，而具体走哪条路要根据个人的实际情况来决定。

任何人的职业经历都不会永远一帆风顺，因此，我们不要总是眼高手低，还应该多去观察生活，多去总结，才会有真正的成功灵感降临。有些东西来也匆匆，去也匆匆，比如财富、地位和权利等，当我们还年轻的时候，更应该走一条厚积薄发的成功之路。

成长的路上没有捷径，只有经营

在当下节奏越来越快的社会背景下，人们越来越注重速度，凡事都想走捷径成了现代人最普遍的心态。时下“闪婚”成了未婚年轻人的一种时尚：闪电般的相识，闪电般的爱情火花，闪电般的结婚速度……但这种追求速度的婚姻，往往很难经得起现实的考验。两个原本陌生的人聚在一个屋檐下，开始过柴米油盐的生活时，许多琐碎的小事也许就能造成意想不到的矛盾，如果双方不能相互理解、宽容，不能牺牲一己之私而顾全家利益，那么婚姻就会像一座活火山一样，随时都会爆发大矛盾。

同样的，职场上也有很多年轻人是“速食”主义者，一方面，对本职工作没有客观的认识及基本的职业操守，没有吃苦耐劳的精神和责任感，却非常注重自己的收获及成就感；另一方面，很多人不是在踏踏实实地为将来的发展打基础，而是一味地寻找捷径——这就是为什么他们工作很久了还在做很基础的事。

有位年轻的咨询者向我“诉苦”说，他是一名年轻的程序员，刚参加工作三个多月，在实习时间里领导并没有给他安排具体的任务，主要以熟悉公司和学习为主。虽然他喜欢做程序员，终极梦想是成为一名上市公司的CEO，但由于目前他只做一些很琐碎的事，于是这份“轻松”的工作让他觉得公司不重用他，美好的理想和现实巨大的落差让他苦闷不已。他告诉我说，自己是个孝子，父母年纪越来越大，所以他想尽快赚点钱，带他们去旅旅游，见见世面，不希望以后“子欲养而亲不待”。所以，他问我是不是该转行，有什么捷径可让他快速实现自己的理想。

我问他：既然公司让你熟悉项目和学习，那你是否在有计划、有目的地学习？他告诉我，因为对于未来发展之路比较迷茫，看着那些代码感觉很无聊，只是刚开始看了几天。现在干脆什么都不学习，每天做的事情是上网看八卦新闻、漫画和小说，下班后用看看电影、玩玩游戏来打发时间。

听完他的回答，我给他讲了一个小故事。

↘ 有一个小朋友，他很喜欢生物学，很想知道那些幼虫为什么从蛹壳里出来变成蝴蝶便会飞。有一次，他走到草原上看见一个蛹，便取了回家，然后时时观察着，几天以后，这个蛹上出现了一条裂痕，能看见里面的蝴蝶不断挣扎着，想抓破蛹壳飞出来，但怎么也没法子出来。这个小孩不忍心了，就想，不如让我帮帮它吧！于是便拿起剪刀剪开蛹壳，蝴蝶破蛹而出了。但蝴蝶出来以后，因为翅膀不够力，变得很臃肿，飞不起来。

我对他说，这个故事给我们的启示是：欲速则不达。刚进公司正是为以后职业发展打基础的黄金时期，而你却用来消遣和迷茫。你应该清醒地认识到，任何职业想要取得发展，一定会经历打杂——钻研——深入——精通的过程。没有钻研、深入的过程，就不可能达到精通的程度，既然喜欢，就要学会坚持。

生活中还有很多欲速则不达的例子。比如，某人患了一种慢性病，明明知道这不是短期内可以治愈的，但还是抱有投机心理，想走捷径，于是相信了一些所谓的广告和“祖传秘方”。殊不知，所谓的捷径上基本都是骗子，结果不仅浪费了钱财，还耽误了治疗的最佳时期，可谓是赔了夫人又折兵。

很多上当的人都会解释说自己是一时糊涂，其实，出现这种现象和心理不是偶然。如果了解其心理历程一定会发现，很多人在学校的时候就已经形成了下述思维定势及心理：

投机取巧

很多人在读大学的时候，已经养成不爱学习的习惯，以娱乐度日。临近期末考试时，很多老师为了保证通过率会主动为学生勾画重点或者透露考试题目，那些平时不学习的人则会集中突击一周或者干脆等着考试的时候靠同学的“关照”蒙混过关。因此，捷径心理导致很多人出现了“考前突击，考后忘记”的奇怪现象，很多人还会向周围的人炫耀自己如何聪明，短短一周就掌握了别人一个学期的学习内容。

很多人并没有意识到这种小聪明的危害，因为他们已经习惯了学校中逍遥自在的生活方式，更习惯了走不劳而获的捷径，进入职场后也沿袭了这种做事方式：工作上不积极主动，从未想过脚踏实地地做好基础工作；在工作过程中遇到简单枯燥的内容，就觉得这份工作不适合自己，没有发展前途，于是开始骑驴找马——很多人没有找到马，却虐待了自己的驴。

铤而走险

大学中有一个奇怪的现象：很多人英语四级考了很多次都没过，导致无法拿到学位证。可能有人会说是自己英语基础不好，没有发挥好——根本问题不是基础不好，更不是谁比谁笨，而是要看平时是不是用心复习和准备。正是这种急功近利的心理才导致了已经风靡校园多年的英语四级作弊案屡禁不止。这充分说明很多人宁可铤而走险，冒着拿不到学位证的风险，也不想用平时充裕的时间来踏实地复习。

当然，这其中也不乏“幸运”之人，可以蒙混过关。但是，短暂的“成功”也能只是一闪即逝的流星，无法获得长久的功业。因为社会是个更大更长久的考场，对于那些冒险者来说，可以为自己的目的继续铤而走险，但是好运气不会始终伴随，迟早有一天他们会为这种投机心理及行为付出代价。

就像有目共睹的中国和日本足球的差距一样，中国人都很好奇：同为亚洲的黄种人，为什么别人可以与世界强队抗争，而我们却始终冲不出亚洲？日本足球能用二十年时间走到很高地步，一定不会是发现了什么神奇的足球秘笈，在我看来，如同每一个能把足球搞好的国家一样，日本只不过是尊重足球的发展常识而已。其实，不仅足球，搞好哪样东西，不需要尊重发展常识呢？

西方有句谚语“不要尝试发明轮子”，意思是，把轮子做成圆的，是老祖宗经过N次试验得出的最佳设计，后人不必在这个常识的面前，再想着去发明一些奇形怪状的轮子。

“职场”其实是一个很简单的字眼，但是经过很多人的层层包装，让很多年轻人对其向往又不安。很多人在谈起成功人士的时候都会羡慕不已，觉得别人怎么可以那么成熟，那么有见地，那么幸运！其实，很多人只看到了结果，而忽略了过程。一个人的成功看似是偶然的，其实是必然的结果。我想对年轻人说，不要羡慕一个人三十多岁就做了CEO，而要看看这个人二十多岁的时候做了什么。任何事物的发展都需要回归到常识，因为“常在河边走，哪能不湿鞋”？任何投机取巧和铤而走险的行为最终都会受到惩罚。

不要轻易否定一个工作机会

年轻人初入职场，往往会觉得自己的工作内容枯燥，待遇不高，看不到前途，同时异常仰慕那些风光无限的CEO或高管，羡慕那些开着跑车、住着豪宅的成功人士，于是在强大的“自信”和不甘心的驱动下毅然裸辞。辞职以后才发现很多始料未及的问题接踵而至，于是陷入“爱我的人我不爱，我爱的人不爱我”的尴尬处境。

既然不是富二代，就不要总想着一口吃个胖子，职位是一步一步发展起来的。没有经历过破茧之痛，很难能锻炼出抗击风雨的翅膀，即使遇到一些看似机会的“机会”，也往往因为无法胜任而使自己成为过客。因此，不能总是想着找到什么秘籍或捷径可以让自己的职位连跳三级，因为职业发展不是吃快餐，即使吃下去也很难“消化”。

所以，请客观看待自己的行业及岗位发展，学会遵循事物发展的必然规律。不要想着工作两三年就当总监，哪个总监不是有着丰富的工作积累的人？而这些都是以时间为基础的积累和沉淀。可以把总监作为目标，但是不能只把眼光聚焦于此，而是要用行动挑战自己和超越同龄人，也许这个过程看起来很漫长，却是很多人成长的必经之路。

当然，快，是当今时代和社会对我们的要求，因为青春易逝，只有足够快，才不会被别人甩下。然而，快，是不是一定就代表全部？那为什么汽车厂商宣传新款汽车的最大卖点时，不是仅仅告诉购买者发动机如何先进、内饰如何豪华、启动速度有多快及最高时速达到多少，而是在安全方面做得如何如何领先对手？因为一辆汽车如果没有安全作为保障，其他所有优势都是浮云。

很多长跑项目的世界冠军在赛后接受采访，被问到为什么可以取胜的时候，他们经常说："自己没有想太多，仅仅是按照自己的节奏来跑。"对，按照自己的节奏来跑，他们在参赛过程中没有贪图暂时的领先或者看到别人加快节奏就心急如焚，匆忙改变自己的节奏，而是按照自己的既定战术来跑，该储备时储备，该释放时释放。

当你还处在学习基础技能的时候，先不要光想着你的伟大梦想，因为罗马不是一天建成的，实现梦想也是如此。要学会遵循行业、岗位发展的节奏，不要总想着马上赚到年薪多少万，如果连一些比较简单的"短跑项目"的节奏都无法把握，很难想象如何能胜任"马拉松比赛"的挑战难度。即使你想挑战自己，也很容易出现"一鼓作气，再而衰，三而竭"的局面，等待你的只能是摔倒，甚至可能是一蹶不振。

有时候慢也是一种快，现在的慢是为了以后更快。对于年轻人来说，不要追求获得成功的速度，而是要做好快发展背后的"慢功夫"，因为没有基础性的慢，便不可能出现放心的快。快，是永恒的追求，慢，是为了有朝一日更好地快。

↘ 被称为美国之父的富兰克林，年轻时曾去拜访一位前辈，那时他年轻气盛，挺胸抬头迈着大步，一进门，头就狠狠地撞在了门框上。出来迎接他的前辈看到他的狼狈样，笑笑说："这是你今天拜访我的最大收获。要想平安无事地活在这世上，你就必须时时记得低头。"从此，富兰克林把"记得低头"作为为人处世的座右铭，最终功成名就。

可惜，在日常生活中，老师和家长往往教育我们要"披荆斩棘，勇往直前"、"永不言败"，但实际上人生最重要的不是你遇到了些什么事情，而是当你在遇到事情时如何去处理。任何人在职场的成长都不可能一帆风顺，都会有痛苦和曲折，而所有成熟都是用代价换来的，只是很多外人不了解内幕而已。有痛苦和曲折并不可怕，学习和成长的过程肯定不轻松，就像破茧成蝶一样辛苦，但这是必经之路。任何岗位和行业都可以让我们得到成长，学习的不仅仅是某个行业和岗位的内容，还有一份解决问题的能力，而这些能力才是使人受益终身的宝贵财富。

在我们每个人的周围，都有这样两种人：一种是经常低头的人，一种是经常仰头的人。只要稍作对比，就会发现，那些人缘最好、进步最快的人，往往都是懂得低头的人。

所以，在没有更好的职业选择的时候，请学会把头低下去。因为只有低下头去才能学会聚焦于一件事上，想在某一个方向上钻进去的时候，就要下决心进去，而且要把它彻底弄清楚。高不成低不就的人，大都是那些对行业半懂不懂的年轻人。因为一旦在某个方向上真的钻研透了，自然就不会困惑，选择也会更多。只有把问题看透了，才不会盲目和轻易放弃；只有在专注的时候才有可能投入所有聪明才智而做出效率和成绩，正因为有了成绩，才能促使你不断地前进，进而取得更大的成绩。

成功有没有捷径？成功有没有秘诀？或许有，但作为职业规划师的我并不知道，更没有走过。我只想说：对于大部分年轻人来说，走好正路，少走弯路，就是最大的捷径！

你要知道，没有回得去的昨天

年轻是每个人的宝贵资本，请学会利用和珍惜！

每年的七月，都有一批大学生怀着恋恋不舍的心情离开校园，懵懵懂懂地步入职场。对于很少接触社会的他们来说，大部分人的内心是忐忑不安的，因为并不知道职场是什么样子，只是听别人说过一些零零散散的片段。

夜深人静的时候，很多人心里不免会犯嘀咕：自己的出路在哪里？前途在哪里？接下来的路该怎么走？他们感觉自己就像趴在玻璃上的苍蝇，看似光明一片，却看不到任何出路。有的人不免开始责怪父母，抱怨这个家没有为自己创造好的条件，抱怨这个家族没有开明人士指点迷津。可抱怨过后还是要生活，还是要奋斗，但他们却由一开始的积极，逐渐变得消极懈怠，直至出现想要离开这个岗位的想法……殊不知这些想法及做法是在浪费宝贵的青春资本。

对于很多年轻人来说，年轻是优势，这种优势在于年轻人富有活力，可塑性强，有大把的时间来学习和成长，更有跌倒了还能爬起来的机会。但我更想说，所谓“年轻是资本”并不绝对，这是有有效期的。

很多人或许不明白了，年轻还有有效期？是的。

首先，二十多岁是一个人生理的黄金年龄，一方面此时精力充沛，可以连续加班几个晚上；另一方面父母还年轻，不需要自己承担太多的经济和家庭压力，自己也还没有房子、车子及孩子的负担。

我观察到，一般在公司内超过三十岁的员工都有午休的习惯，我曾经好奇地问他们为什么会有这个习惯，他们说："工作压力大，晚上睡眠质量不高，所以只能中午补回来。"是啊，二十多岁正是人的黄金时期，暂且感受不到身体各项机能的衰退，没有每天被腰酸背疼困扰，可以不断地玩游戏和通宵唱KTV，还可以将大把的时间用来谈情说爱。从人类身体机能的规律来看，人在三十岁之后各项机能就在逐渐衰退，所以三十岁以前是最好的学习和积累时间，等你到三十岁以后，想要学习可能都很难静下心来。

其次，从现实角度来看，一般在毕业三到五年内就该考虑个人的婚姻问题，就该为买房、结婚及生子做基金储备，接踵而至的就是父母健康方面的投入。这些会像一座座大山一样压在很多人身上，即使你想做出改变，这些现实的东西也会让你左右为难，况且年纪越大，改变起来的难度也就越大。对于求职的人来说，三十岁是一道坎，假如你没有什么专长和积累，就真的已经是"老"人了，会面对很多求职尴尬。所以，我们更应该提前准备，防微杜渐。

很多年轻人虽然已经工作一段时间，却还不知道上班的意义究竟是什么，于是问我：人为什么要工作？工作的意义到底是什么？为什么自己一直没有琢磨透？

简单来说，工作是一个人的安身立命之本，是成就自我的有效途径——因为现在对成功人士的衡量标准在很大程度上取决于其在工作中取得的成就。

工作的意义可以分为三层：

首先，职业是一种谋生手段，通过就业实现生存的需要，保障个人最基本的吃喝拉撒睡的需求。用一份工作来养家糊口，更是每个人不可逃避的责任。这个层次是每个人最原始、最基本的想法，属于工作的第一重境界。

其次，工作是取得社会地位的有效途径。通俗地讲，社会上因工作性质的不同而形成了不同的职业层次，很多人都想考公务员，是因为这个岗位不仅工作稳定、福利好，而且社会地位高。同时，工作的过程也是锻炼能力，结交人脉，满足人际交往需求的过程，这个层次属于工作的第二重境界。

最后，工作为个人发展个性、实现自我价值提供了空间。工作一方面满足了个人在社会、集体中的归属感，另一方面，满足了个人对归属，尊敬与被尊敬的需要，可通过工作来实现自己的成就感和存在感。这个层次即我们常说的实现自我的满足感和成就感，属于第三重境界。

很多年轻人毕业也有一段时间了，却还不知道自己的人生目标和意义是什么，不知道自己该做什么，更不知道自己能做什么，自己不知道也就算了，还问别人自己该设置什么样的人生目标，很想从别人的目标中给自己找一些参照，或者直接照搬别人的目标。

不能奢望每个人都事业有成，因为事业是受到天时、地利与人和等因素影响的。很多人可能在家庭背景、教育背景及个人能力等方面不如别人——有部分人在出生的时候就含着金钥匙，这让很多普通人只能望尘莫及。但是这些不该是我们没有目标的借口，因为我们同样是人，在这一点上是平等的。

如果实在想不出目标，可以暂时以赚钱为目标。因为实现该目标以后就可以做到孝敬父母或者资助贫困儿童，可以在很大程度上提升自己的职业满足感。同样，不一定每个人都能达到第三重境界，但是至少要在能够满足第一重境界的基础上，逐渐向第二重境界靠拢，而以第三重境界作为终生奋斗目标。

为什么那些在上学的时候能“折腾”的人，到了社会能比同龄人更快地做出成绩？并不是他们有多聪明，而是他们有比较强的目标性，比一般人更积极和主动。他们一般来说接触社会早，明白社会的规则和标准是什么，更懂得该如何在遵守社会规则的前提下来树立自己的职业目标。当同龄人还在宿舍玩游戏的时候，他们已经开始有了体验职场的意识；当同龄人在为找份糊口的工作发愁的时候，他们正在为自己的职业目标努力；当同龄人在窃喜自己银行里的存款终于过了五位数的时候，他们已经在考虑该添置一辆什么品牌的汽车来扩大自己的交际圈了。可以说很多人一步跟不上，步步跟不上。

因此，每个人在进入社会后，就应该告诫自己，从毕业那一刻起自己就不是学生了，要做一个有目标、有责任和有担当的社会人，要以社会人的标准来要求自己，不能在像以前那样在别人的催促中学习和成长了，要积极主动一些，任何时候都要百分百地投入。因为很多过来人的经历表明，成功并不仅是靠幸运，谁有目标，谁改变得越快，谁适应社会的能力就越强，就越有可能及早做出成绩！

不能以“钱途”定前途

三百六十行，该选择哪行？近几年来，随着大学扩招及就业人口剧增，国内就业竞争激烈，僧多粥少的局面十分严峻。从“天之骄子”到“天之焦子”的角色转变，是一个异常痛苦的过程。很多人踌躇满志地从学校毕业，还没来得及享受踏入社会的欣喜，就开始承受社会带来的各种压力。在压抑的工作环境下，很多年轻人变得异常急躁，尤其在本岗位看不到发展空间或看到同龄人有了起色以后，很多人开始想着换个有前景的行业，因为现在的这个行业自己不喜欢，感觉看不到发展前景。但是三百六十行，却不知道该选择什么行业，即使单从时间及效率方面考虑，也不可能去逐个尝试。

生活中常讲“男怕入错行，女怕嫁错郎”，对现在的职场人来说，入错行恐怕是职业发展中很大的悲剧。或许你的性格就是不符合这个行当，或许这个行当本身的状态局限了你的发展，不管怎样，从结局看，都不是你所期望的。我们经常可以看到有些人不是没有能力，但就是因为不喜欢所在的行业，导致自身没有发展起来。

很多年轻人之所以不想继续从事所在行业，其实是一种逃避和畏难心理。常见的理由包括该行业太辛苦，行业竞争太大，“行业无限好，只是近黄昏”，或者行业更新速度太快，等等。这些理由表面上看去冠冕堂皇，但其实都是对该行业的认识误区。

一、辛苦的行业不好

“别把自己太当回事，尤其是在毕业几年内。”这是我经常对咨询者说的一句话，但现实是很多刚毕业的人太把自己当回事，觉得自己已经是大学毕业生，辛辛苦苦读了这么多年的书，为什么还要吃苦？

什么叫吃苦？很多人并没有见过真正吃苦的工作。看看那些每天在城市打扫街道的清洁工人，凌晨你还在睡梦中的时候，他们已经开始在打扫街道。他们冒着高温、酷暑以及被车子撞到的危险，挣着仅能满足温饱的工资。即使这么辛苦，还是有大批的人排队等着做这样一份工作。

所以，年轻人在职业初期不要“避重就轻”，不要只是想什么轻松做什么。因为从长远发展来看，不管哪个行业都需要刻苦钻研，总要辛苦几年。如果能够在行业里学到知识，那么吃这点苦是值得的。

二、竞争大的行业不好

很多人常说自己的行业是传统行业，竞争激烈，虽然每天很辛苦，但是看不到发展前景。我并不认同这种说法：传统行业有比较大的受众群体，一般来说与人们日常生活关系密切的组织通常会有较大的市场空间，尽管其中的竞争也很激烈，例如快速消费品领域。

这两个因素对从业者来说其实是好消息：较大的市场空间会保障职业的相对稳定性，不会因为市场需要突然消失而导致整个公司消失掉；激烈的竞争只会增加人的价值，当然，这其中的前提是，职场人必须具备一定的竞争力。同行多，竞争激烈固然重要，但大家不要忘记“浑水好摸鱼”。既然有那么多同行可以活得好好的，为什么你不行？相反，如果一个行业只是为了非常狭小的市场或某些特定人群服务，那么一旦该市场萎缩或消失，职业的风险就会比较大。

三、夕阳行业不好

很多人认为自己所从事的行业属于典型的夕阳行业，已经没有多大的发展空间，很可能过几年，该行业就会消失，如果自己不提前转行，到时候可能会面临找工作的尴尬。

其实，行业的发展与衰落不是偶然的，而是存在着必然的联系。因为每个行业的衰落势必由新行业来取代，而新行业不是无中生有的，而是当老行业不能满足人们需求的时候产生的，从而逐步取代老行业。因此，行业的变化是有规律的，只要人们能够伴随着行业的演变而不断地更新自己的知识，肯定不会出现被淘汰的局面，而被淘汰的都是那些抱残守缺和不思进取的人。

四、更新速度太快的行业不好

不少人想学习一门技术，但是不知道该从何选择。当我和他们推荐IT行业的时候，他们一脸恐慌地说，这个行业更新速度太快了，需要不断地学习新知识，自己刚学会一种版本，新版本又出来了，恐怕很难跟上它的步伐。

抱有这种想法的人，是在狭隘地看待行业，同时还有点一劳永逸的心理，认为自己只要学会了一门技术，只要不断重复地应用就可以了，不再想去学习新技术。殊不知，这种想法非常天真，因为社会在进步，各行各业也都在不断更新，没有哪个行业是一成不变的。相反，一个更新速度快的行业恰恰说明这是充满机遇的行业，如果自己有特长，完全可以抓住机遇，从而实现事业上的突破。

莫要被职业前景迷了眼睛

在经济高速发展的当下，很多初入社会的年轻人踌躇满志，一心想尽快在职业上取得成绩，实现经济上的“自由”。但是，现实中的职业门类众多，涉及面很广，考研、出国、就业，哪条道路的发展前景最好？财务经理、人事总监、销售总监，哪个岗位最有前途？银行、公务员、事业单位、外企，哪种性质的企业最具发展潜力……让这些涉世未深的年轻人眼花缭乱，无所适从。于是，很多人被所谓职业发展前景的光环所误导，最终走了弯路。

我再问个问题：职业发展前景好，行业好、单位好、岗位好，个人的发展就一定好吗？恐怕很多人会贸然给出肯定的回答。但是，放眼整个职场，学历高、起点高却仍旧默默无闻的例子却屡见不鲜。其中的原因，远比单纯的想象要复杂得多。

从宏观角度来看，中国经济处在快速发展与转型期，确实孕育着无数新的行业和新的赚钱机会。从个人角度来讲，长时间做一个行业或岗位确实容易厌倦，总想尝试新行业或来钱更快的岗位，尤其看到旁人赚了大钱后，很多人心中更是羡慕不已。正是这样的大环境和个人心态，使得很多年轻人在选择某个岗位的时候想法很单纯，仅仅看重这个岗位未来发展的前景是否美好，却忽略行业内在的特点。可是，这些“美好的前景”真的适合自己的学历及专业吗？现实真有想象中那么好吗？

先看一个年轻人的真实经历。

↘ 小孙大学毕业刚一年便辞职在家，正考虑是创业还是继续打工，这时他的一位开公司的亲戚找到他，热情地邀请他加入这家公司，承诺会手把手教他销售方面的知识，学好以后就可以让他单干，不过有个前提条件：他必须先向这家公司入股20万。这突如其来的情况一下子迷住了他的双眼。工作的同时，还可以学习知识和积累人脉，这不就是他对于以后创业的前期构想吗？

当我问他“你是否了解这位亲戚的做事风格和公司的产品优势”时，他回答说：“对这位亲戚并不了解，只知道公司主要是依靠请客吃饭来维系销售业务。”我继续追问：“以你内向和不善于与人打交道的性格，即使你进入公司，是否能够适应这种吃吃喝喝的销售方式？”他坦言，自己内心很抵触这种吃吃喝喝的销售模式，而面对突如其来的发展机遇又不想错过，所以才犹豫不决。

其实，择一份工作时，不应仅盯着其表面的风光，因为这很可能只是别人让你中圈套而画的一个“大饼”。在行业经验是零的前提下，贸然投入几十万，风险太大，这时更应冷静下来想想，这份职业与个人内在的匹配度及可行性。如果一开始就与工作存在着不可调和的矛盾，则以后做出成绩的几率非常低。与其那样，还不如找一份能够利用自己专业和特长的工作，毕竟那样的工作执行起来难度不大，风险也相对低很多。

生活中想“吃天鹅肉”的年轻人，他们心里虽然明白自己目前的水平与有前景的行业及岗位存在着差距，但还是抱有吃肉的侥幸心理。他们没想过一个关键问题：盯着天鹅的蛤蟆那么多，资质平平的你我怎么才能得到天鹅的青睐？

比如，一些自身销售能力并不突出的年轻人，梦想着有一天会做到销售总监，但在工作中却不想付出额外的努力：下班时间一到，立马起身离开；从未总结过工作的得失；当出现导致销售业绩不达标、濒临被淘汰的问题时，他们却将问题的根源归结于行业或公司如何不好。我想，即使那个行业再有前途，公司再有潜力，有这样错误想法的人在其中也很难有出头之日。

↘ 我曾经在电视中看到一篇报道：一位离婚的女性，从二十八岁开始，用了两年的时间，由一名普通的文员发展到了全公司最优秀的产品经理。原来，她每天从早上6点忙到晚上12点，期间除了与儿子沟通外，所有时间都放在了工作上，甚至有时候做梦都在想工作的事。记者采访的时候问她，每天这么累会不会感觉辛苦？她说，自己其实很享受现在的这个工作状态，因为这样很充实、很独立，不会依赖于别人——我想，如果一个人真可以如此努力地工作，不管在什么样的岗位上，都能够开拓出自己的一番天地。

每个人在审视一份工作是否具有职业发展前景前，更应该明白一个道理：对于大部分人而言，工作的前景并不是别人或行业所赋予的，而是需要自己通过努力争取得来。每个成功背后都是付出，没有持续的付出是不能成功的。羡慕和仰望别人成就的同时，也应该问自己几个问题：每天是否可以工作十个小时以上？是否可以节假日主动加班？是否每天大部分时间都在思考工作？如果连上述这些都不肯付出，就不要奢望美好的职业发展前景会轮到你。因为即使好工作给了你好机会，你也会因为能力不足而无法胜任。

生活中人们常说一句话：三百六十行，行行出状元。此话确实不假。但是，如果一个人对行业和岗位的要求很高，对自己的努力却一再降低要求和标准，那么他又有什么理由抱怨岗位的发展前景不好呢？

几乎所有的财务人员在入行前都梦想着能够在一家大型公司做到财务总监，甚至爬到更高的决策职位上。但是，每年那么多财务专业的毕业生，加上很多半路转行做财务的人，为什么最终实现目标的人却寥寥无几？我想，这个结果和每个人对自己的要求密不可分。

众所周知，财务人员不仅仅要懂如何做账和审计，还需要不断地考取证书——从资格证、初级、中级和高级会计证，到单科通过率10%的CPA。但是，放眼望去，在中国众多的财务人员之中，每天满足于做好手头工作却忘记学习的人有很多，真正能够坚持不懈地把证书考取下来的人却寥寥无几。尤其是很多人明知道自己不高的学历、不强的专业会阻断自己的发展之路，却依然不求上进，甚至工作十几年，还只拥有一纸中专学历和入门级的会计从业资格证书——而他们还在和别人抱怨会计工资太低，发展前途渺茫，劝别人千万别做会计，自己却没看到那些拿着高年薪的财务主管或总监。从本质上讲，每个行业的职业发展都沿袭了“金字塔原理”，即底层岗位的从业人员最多，随着金字塔的层级上升，岗位的级别越来越高，竞争越来越激烈，人员也是越来越少。人们所说的职业发展前景，往往指处于金字塔尖的那些人。对于那些想追寻职业发展前景的人来说，如何在基层职位上取得突破，从众多的同事中脱颖而出，是迈出走向职业发展前景的第一步，也是关键一步。

因此，我们在看职业发展前景的时候，不能迷信别人口中的职业发展前景如何，因为那些很可能不适合你或者是你无法企及的。大部分职业都是按照助理、专员、主管、经理、总监的步骤实现，与其一味仰望那些遥不可及的发展前景，还不如先成为本行业的佼佼者。如果自己本身的问题不解决，即使换再多的行业和岗位，也不过是“穿新鞋，走老路”，只能在底层岗位跳来跳去，但不是越跳越高。

所以，请不要让传说中的职业前景的光芒迷住了双眼，那很可能只是一个美丽的肥皂泡！

被领导的艺术与智慧

如何对待你的老板？

认识！认识！认识！

如果只是对老板看不顺眼，就打算交辞职报告走人，是否太可惜？一方面是对员工可惜，不是工作不胜任或者发展前景不好，而仅仅是受不了老板的苛刻态度；二是对公司可惜，辛辛苦苦培养出来还没来得及好好用，人就走了，这种做法可谓是两败俱伤。

遭遇自己看不爽的老板时，我是这么做权衡的：

一、根据我未来的发展，衡量一下目前的平台是否非常有帮助，也就是说该平台的品牌作用是否重要，就像是你好不容易进了大学，混了一年受不了想退学时，我会劝你一句：可以的话在大学里混上5年，至少3年，否则以后的生活真得会让你受不了。

二、这个老板是否威胁到你的身心健康乃至正常生活？如果没有，请参照前一条，认真工作，权当去西天的路上碰到个打不过的妖怪，咱躲着点。总之，作为职业规划师的我并不建议硬碰硬，不要为了一个老板搞砸自己的“简历”。

正所谓“天下乌鸦一般黑”，天下老板也是一样。或许等你见得多了，看得淡了，就会不在乎所谓老板的态度了，老板要关注的是整体的利益，有时可能牺牲某个人的利益，作为员工毕竟要有点集体荣誉感。对你的要求严格苛刻不是大问题，只要老板的人品没问题，就当是找个教练训练吧！还不用交学费，多好！一个人能做到老板，总有你值得向他学习的地方，学习他的长处，忽略他的短处，总有一天你会成功！等你哪天超越他了，你就是老板。

老板和员工不是对立的，老板的利益和员工的利益是统一的，公司收入高，员工工资自然会上涨。而提及对公司的忠诚，我认为这并不只是在工作上所必需的，更是个人素质的体现。若一个人连起码的诚信都不具备，那我认为你应该先学做人，再学做事。对于老板，我们应该理解，别看老板表面很风光，他们所承受的压力是你现在体会不到的。所以如果你想提升，那就试着去理解老板，站在老板的角度来思考，来解决他的困扰吧。

怎样和老板打交道?

沟通！沟通！沟通！

打交道中比较行之有效的方法是，不卑不亢，不主动不消极。比如他不找你，除了例行汇报，不主动接触，埋头苦干就好，这些老板都会看在眼里；批评你的时候，不卑不亢，不要理论，因为他会有更多的说辞，批评人的经验他比你丰富的多。批评人的语言不涉及人格侮辱的或者原则性的，可以不作声，扛着；超过底限的，死死地瞪着他，也别作声——一般这样的老板批评人有时就是掩盖自己的自信和不足，一般情况下瞪他几秒后，他会觉得批评人没互动，没有意思——千万别哭，他会觉得有互动，很过瘾。此外，工作方面更要谨慎小心，其实有这样的老板就等于一个严厉的老师帮你养成认真谨慎工作的好习惯，或许未来若干年你还需要感谢他呢！

同时，从本质上来说，老板和员工本身处于一种既合作又对立的层面，因为要相互利用，以此保证公司发展和个人收益的平衡。从对立层面来说，老板期望用最少的钱来办最多的事，员工期望能够挣更多的钱但工作不累。举个例子，老板和员工的关系就好比行驶在路上的汽车和准备过马路的行人，汽车行驶在路上，司机希望行人能够遵守交通规则，不要阻挡自己的路，行人则希望早点穿过马路，不必在烈日下暴晒。没开过车就不会懂得开车突然遇到横穿马路的人而紧急刹车时的无奈；没有吃过汽车高速行驶带来的灰尘呛到或被汽车溅起的水花溅到身上的苦头，便不会懂得开车的时候应该注意下周围行人。屁股决定脑袋的理论能够很好地解释雇佣双方之间的关系，大家更应该客观来看待这种关系。

如何对待你的老板？

学习！学习！学习！

如何对待你的公司？答案是我们要以自己是老板的心态对待公司。而我个人认为与其说以老板的心态对公司，不如说以老板的思维去思考问题：为什么老板有这样的决策？为什么老板会升迁他？为什么老板偏偏要我去做这件事？为什么……我想，若你找到原因，你自然会去想办法完成手头的工作，并收回你的不满与牢骚。至于是否对公司怀着感恩的心，我觉得这是一个人是否具备良好素质的一个表现。

当你生气的时候，当你觉得不公平的时候，当然你会认为领导如何不好，领导怎样怎样……而不生气时候呢？你可能也会自责一下。还有，不要认为你做了很多工作，而领导没有发现你，或是故意不发现你。你职位以上的那些人，必然都有他们的过人之处，只是你没有去主动发现而已。

永远用学习的心态跟老板，他能成为我们的老板一定有他的道理，要不怎么没叫你当老板呢？如果我们真的不喜欢自己的老板，应该这样想：他这个人我可以不喜欢，但是他的经验一定是我喜欢的，我总不能讨厌他的成功经验吧？最后一点就是永远不要说老板的坏话，这是一种职业品德。

最后我说：姑娘/少年，心要放宽一点，谁年轻的时候没当过炮灰，没有被老板批评呢？只是有的炮灰够顽强，兜兜转转还能存活下来罢了。做出成绩，功劳当然是老板的，帮老板是做下属的本分，老板不盈利，你怎么能有机会呢？有时候，傻一点好，别太计较。对于吃力不讨好的事情，力所能及的话就去干，力所不及就委婉地拒绝，个中的利害关系需要多看多想，才能拿捏得当。

年轻，就要对自己
狠一点

Chapter 3
第三章

断舍离：想成大材，就得剪掉不必要的枝丫

- 任何事情的决策都要建立在数据分析和统计的基础上，否则只算是抓阄碰运气而已。
- 因为危机=危险+机遇，所以别人说不好的时候，往往也是真正的机遇所在。
- 迷茫并不可怕，迷茫作为一种宣泄心情的方式，可以平复内心的忧虑，本无可厚非。但是，如果让迷茫成了自己的口头禅，成为不努力的借口，甚至衍生成为懒惰，那就成了一件很可怕的事情。
- 问题不是关键，关键是如何面对问题。很多事情表面看起来毫无希望，真正做好了每一步，希望却会从天而降。

不要将迷茫作为逃避的借口

人在职场飘，谁能不迷茫？

迷茫并不可怕，迷茫作为一种宣泄心情的方式，可以平复内心的忧虑，本无可厚非。但是，如果让迷茫成了自己的口头禅，成为不努力的借口，甚至衍生成为懒惰，那就成了一件很可怕的事情，最终受伤害的，还是自己。

前几天我遇到一个年轻人阿贤，他是旅游管理专业研究生，去年刚毕业，目前在北京一家国企投资公司工作，福利待遇都不错，工作也不忙，但总是感觉内心很迷茫，甚至感到痛苦。因为这个年轻人并不喜欢手头的工作，谈不上对其有什么兴趣，天天只是机械地接受领导安排的工作，仅仅凭着基本的责任心去完成。他也不喜欢办公室里成天谈论是非、说长道短的环境，不知不觉中内心渐渐趋向消极，感觉只是为了赚取每个月的薪水而从事着现在的工作。他也想寻找一个能结合自己性格和爱好的职业方向，实际上却在浑浑噩噩地过日子。他也曾跟同学做过沟通，想看他们怎么做的，却发现很多同龄人同样都处于迷茫期，甚至逐渐在迷茫中迷失自己，彻底走不出来了。

听完阿贤的描述，我觉得他的这种心理状态比较有普遍性，因为我听到很多年轻人有过类似的抱怨。他们仿佛从进入大学就开始迷茫，不清楚将来找什么工作，而工作几年后仍然迷茫，此时的迷茫是如何更快地赚到大钱，迷茫俨然成了他们的生活主旋律。

很多人之所以随随便便说自己很迷茫，因为迷茫的成本太低了，说得再多也不需要缴税。所以，很多人在迷茫中学会了抱怨：我找不到适合自己的职业！我生不逢时，没有伯乐！为什么别人有那么好的专业？他们多幸运啊，有这么合自己意的工作！你以为我就不想努力吗……很明显，这已经不是简单的找不到方向，而是职业心态出现了问题。

社会在发展，在职业上给每个人提供了更多的选择余地，但也容易导致一些年轻人出现精神涣散和选择性疲劳。因为选择像一条河流，它变得越宽，就会有越多的人淹死在里面。如果自己分不清什么事该做，什么事不该做，糊里糊涂误以为完成了重要的事情，消耗了大量的时间与精力，最终却仅仅得到一丝自我安慰和虚幻的满足感。当梦醒以后，才发现该做的事一件都没有做，而自己已疲惫不堪。

就像阿贤现在的状态，因为迷茫而混沌，因为混沌而徘徊，时间久了，渐渐就会开始沉默和落寞。就像走迷宫一样，因对工作感到了无乐趣，所以想尽快走出去，又把握不好道路的方向，所以感到心里没底。最终导致每当他想要努力工作的时候，会不自觉地对自己说："算了吧，发展方向还没确定，即使努力了也会白费。"当他消耗了所有的耐性和热情之后，就只剩下了纯度更高的迷茫，并且还自以为是得认为迷茫的过程是"磨刀不误砍柴工"，殊不知，很多东西正在和他擦肩而过。

在我看来，迷茫不一定是坏事，至少证明对现状不满，想从当前的层次上更上一层楼。但如阿贤这样的迷茫和表现，却只是一种逃避现实的借口。因为很多人迷茫的时间久了，已经无法说清楚自己为什么迷茫，分不清楚到底是为职业方向迷茫，还是为将来的生活而迷茫，更不清楚如果自己不努力争取，好工作从来都不会不请自来。

如果你现在还在感觉迷茫，寻遍了方向依然没有方向，那可以扪心自问，每一个方向是否都是经过了深思熟虑？如果对自己想从事的职业只是知道一些皮毛，那便不是在选择，而只是在敷衍。

如果对当前所有的选择都不满意，那请你考虑下自己可以用来凭借的内容是什么。是高学历、专业知识和职业技能，还是一些人际沟通的软实力？如果这些硬件和软件条件都不具备，干什么都不成，而只会说不甘心和迷茫的话，长此以往，等待你的只能是更深的迷茫。

可以说，迷茫对于每个人、人生的每个阶段来说都是客观存在的。即使是很成功的人，或已经走在自己梦想道路上的人，一样会有迷茫、痛苦、犹豫以及怀疑等，他们同样需要面对与克服这些负面情绪。但我们会发现，那些人即使迷茫，即使看不到希望，还是会按照既定的轨道不断努力。因为他们明白一个道理：存在即合理，自己遇到的任何事情都有助于心灵成长。问题不是关键，关键是如何面对问题。很多事情表面看起来毫无希望，真正做好了每一步，希望会从天而降。

只想当主角的配角只能是丑角

我在前几天遇到一名咨询客户，英语专业的她工作五年多，分别做过行政、外贸、销售、人事等岗位，每份工作都是满怀憧憬去做的，因为这些都是朋友推荐的有前途或有发展的岗位，但亲身经历以后，自己发觉每个岗位都有让人感到不满意的地方，这让她陷入了深深的迷惘中。所以她干脆辞职在家，给自己充足的时间来思考自己到底要做什么工作。在家赋闲期间，虽然也通过各种途径了解了不少岗位，但总因为各种客观原因而最终选择了放弃——时间过去了几个月，她还停在原点。

在和她的详谈中，明显能感觉出她对自己的期望值很高，希望做万人瞩目的主角，而不是那些看似打杂的配角。纵观经历的几个岗位，她感觉这些工作都是配角，毫无技术含量和发展前途，而想做的核心岗位却因为自己专业不对口、自信心不足或单位发展前景不好等原因失之交臂了。眼看着自己的同龄人很多都已经有所成就，而自己就像漂浮在空中的尘埃，一方面没有飘向远方的能力，希望有人助一臂之力，另一方面也没有落到地面的勇气，因为感觉那是一件很没面子的事情，所以每天就这么漂浮着。她非常讨厌现在的生活方式，但是自己却不知道该如何理出头绪。虽然也有过创业的念头，却不知道该从何处下手，并且也不确定自己是否能够坚持下去……客观来说，她目前对于职场主角的认识有所偏差，并且尚不具备成为职场主角的能力和气度。

↘ 关于主角与配角的想法，1900年春节联欢晚会上陈佩斯和朱时茂有过一个小品——《主角与配角》。陈佩斯在小品里面成功塑造了一个厌倦了自己配角角色的小人物，在不具备主角实力的情况下，突发奇想要与主角对换角色，以为这样就可以实现自己当主角的梦想。后来虽然对换了角色，但是其配角的言行举止反而让他成为了一个不伦不类的“主角”，让人啼笑皆非。

这个小品告诉我们的是，在这个浮躁的年代，每个人都可能有当主角的梦想，但就像吃快餐一样，速度并不保证营养均衡，吃多了容易发胖，诱发各种疾病。因此，我们每个人需要量力而为，因为稍有不慎，很容易让自己成为别人取笑的对象。

我们常说，职场其实犹如一个大舞台，职场中的每个人都是这个大舞台上的演员。每个人在进入职场时都会被赋予一个角色，由于每个人的家庭背景、学历、专业、个人素质等综合因素的影响，造成了不同的人在职场初期会有“主角”和“配角”的角色差异。有的人因为前期积累比较多，各方面比较出色，所以一开始就是主角或者准主角，比如进了好单位、有一份令人羡慕的工作或者拿着很高的薪水；

而有的人由于自身准备不是很充分，且各方面的能力不是很突出，所以一开始只能当配角，工作非常普通，薪水也仅仅够温饱。

职场是一场马拉松，而不是百米赛。这两种角色在其中并不是一成不变的，它会随着工作时间的加长而有所变化。比如有的主角由于心高气傲或者玩物丧志，在经历一些挫折后便一蹶不振，长时间找不到合适的工作，核心竞争力丧失，出现逐渐沦为配角的迹象。而有的配角并没有因为自己岗位普通或工作内容琐碎而自暴自弃，通过自己不懈的努力，排除了很多困难，在工作一段时间后做出了成绩，受到了公司领导的赏识，逐渐升为职场的主角。

通过总结，我发现每个人脑海深处都有想当主角的想法，而不甘于当配角。因为在大多数人的眼中，职场主角的外表是笼罩着光环的，受到公司高层的赏识，拿着高工资，享受着公司提供的各种福利。而配角大部分时间则是默默无闻，不仅工作内容是简单机械的，升官加薪等好事情一般也不会落到他们的头上——也许他们默默工作数年，公司的领导还不知道他的存在。在这种现状下，出现了大批跳槽族或迷惘族，他们认为自己在各个方面并不比任何人差，为什么别人能做到的自己无法做到？于是千方百计想证明给别人看，别人认为好的就去做，别人认为有前途的就去争取，结果工作几年后发觉自己也不知道喜欢什么了，于是陷入内心另一个挣扎的漩涡。

不甘只当配角的配角主要分为两种类型：

少年得志型：

他们也许在很多方面要强于同龄人，比如性格外向、经历丰富、社交能力强，一直是同龄人中的佼佼者。但他们也不是完美的，或多或少都有一些心高气傲、自尊心强、心理承受能力差等不足。而职场是瞬息万变的，一旦他们在其中遭遇挫折或者走错了几步，就感觉职场太现实了，感到这个社会背叛了自己，转而对现实生活心灰意冷，无法接受自己沦为配角的现实，于是开始自暴自弃，不惜让自己的聪明才智付诸东流。

揠苗助长型：

就如文章开头的那位客户，每天想着成为主角，而从未想过大部分主角都是由配角转化而来的。自己活在了别人的嘴中，别人说这个好或不好都可以对自己有着决定性的影响。每天抱着想做主角的梦发呆，在心情不好的时候频频拿这个梦想慰藉自己那颗脆弱的心灵，认为自己并不是失意，只是暂时没有成功。于是上网发帖子倾诉，和朋友诉苦，希望哪天能遇到一位独具慧眼的伯乐，发现自己这匹沉寂数年的千里马。这类年轻人的生活就像进入了一个迷宫，他们不停地幻想，不停地寻找，不停地赶路，却始终转不出去自己的迷宫，从未想过自己是否已经具备了主角的能力，自己在各方面和主角还差多远等问题，最终的结果是思想一日千里，能力还停留在原点。

这两种想法都是没什么道理的，因为站在公司角度来说，每个职位都有其工作目标，每个职位都在直接或间接地为公司的利润服务，只是分工不同而已。但是很多人还是始终不愿意客观地认识自己，乐观的时候认为自己无所不能，天生就是来做主角的；悲观的时候认为自己一无是处，只能接受做配角的命运。

同时，这两种极端的心理都是不可取的，要知道，主角也不是那么好当的，他们每一点每一滴的成绩都不是从天而降的，而是在了解自己的天赋和特长的基础上，加上自己的分析和思考，最终在职业的操作上逐渐发展起来的。即使有的人发展速度快了一些，那也是厚积薄发而已。所以，很多人盲目羡慕主角其实是盲目的表现，如果你肯付出同样的努力和精力，想必你也能做出同样的成绩，只是这个时候你要问下自己是否有足够强的耐心和毅力，数年如一日的在一个岗位上坚持成长，不要“只看到贼吃肉，没看到贼挨打”。

在日常的咨询过程中，经常有些好奇的客户问我是如何积累丰富的职场经验和分析能力的？我的回答很简单：你能够每天只睡眠6个多小时，其余大部分的时间中大脑一直在思考与职场相关的问题，放弃所有的娱乐活动，基本没有周末和节假日，并且一坚持就是6年，这种苦行僧的日子你是否能够坚持？你若能坚持，那么你所在行业的总监职位就在和你招手。主配角色的定位是你对自己的一种认知，更是对自己的一种要求，不要只羡慕主角的光鲜，而不肯付出加倍的努力。

当职场配角是否就真的不好呢？对于职场新人来说，当你刚进入职场时，你就要有足够的心理准备去做好配角，至少是2年，甚至更长。这不仅是一种谦虚的态度，一种合作的态度，更是一种境界。要知道，谁也不是一开始就能担当主角重任的，而只有甘当配角的人才能够把头低下来做事，而只有把事做好后，才能出成绩，而只有出成绩了，才能在平凡的岗位上崭露头角。如果你目前的能力决定了你只能处在配角的位置，而你又不甘心当配角，就可能像上面的那位客户一样，主角当不成，配角不想当，而每天还沉浸在主角的梦想中，成为可怜的“精神上的主角，现实的配角”，那样成功只能成为一个遥不可及的梦。在客观上接受与主角的能力和素质方面有差异的同时，我们更应该想办法去弥补自己的不足，而不是自怨自艾。

在职业咨询的过程中，我一再告诫客户，良好的角色定位能力是通向职业成功的通行证，因为当下社会中，人人都有理想、有抱负，但最后真正成就大事业的，反而是那些沉得住气，放低自己，虚心做配角的人。“角色影响行为，行为影响收入”可谓是一句至理名言，它深刻地反映着角色、行为、收入三者之间的一种内在逻辑关系，也是我们每一个人在工作和生活中对自己定位的一种逻辑方式。自己究竟能成为工作和生活中的主角还是配角，关键是由你自己来决定。你将自己定位为何种角色，你就会表现出相应的行为，而由于行为的不同，你的收获也将会存在着差异。

如果在工作中，你仅仅将自己定位为一个配角，一名普通的员工，那么你会犯“大事糊涂，小事较真”的毛病：仅仅是把自己份内的工作做完就满足了，有空的时候只想着去上网或者看看八卦新闻，不去关心额外的事情，不会主动承担更多的责任，在企业需要人挺身而出的时候，想必你肯定会不由自主地低下头，唯恐别人看到自己。而在一些小事上面会特别较真，比如公司让你免费加班就表现得一脸的不情愿，好像老板就是剥削自己的资本家；每到发工资的那几天就变得异常敏感，如果公司晚发了几天，想必你这几天都会花很多时间抱怨公司的不人道和各种不足，然后在别人的附和中寻求到一些精神满足。

其实，当你把自己定位为一名管理者时，你想到的永远比普通员工多，考虑的也永远比普通员工细，你在做任何事情时，都会站在一定的高度上来思考，不会仅仅只看眼前利益而忽略长远利益。当角色定位正确，行为表现准确时，你的收入自然也会大不相同，因为你的角色让你的行为在发生着质的变化，你的能力也会随之发生质的变化，这样随之而来的就是收入了发生质的变化。

你再也不要抱怨自己仅仅是职场配角，“市场需求决定存在价值”这句话告诉我们，你是什么角色是由市场需求来综合决定的，你的上级或老板就是衡量你能力的一把很好的尺子。不要说上级或老板怎么差劲，很多时候是自己差劲才看不起任何人，无法体会到别人的境界。如果你目前还是职场上的配角，那么说明你离职场主角还有很大的距离，不仅仅是专业技能上，更重要的是心态和境界上。同时，别把“千里马常有，而伯乐不常有”作为自己亘古不变的口头禅，在当下那句话已经out了。主角和配角也是相对的，在每个职位上出色完成自己工作的员工都应该是“主角”。对于员工来说，每个人都会因能力与爱好的差异发生工作职责的不同，这种不同是客观与主观的共同结果，只要你喜欢自己的位置并做好工作，你就应该是“主角”。

你是职场主角，还是配角？这个答案并不重要，因为没有永远的主角，更没有长久的配角，你是自己职场的导演，你的舞台你做主！

退出“丐帮”，自立门户

很多人都知道，以乞讨为生的人称为乞丐。其实，在职场中也有很多职场“乞丐”，他们表现虽然不同，但是都直接或间接有着乞丐心理或乞讨行为。

有的人在向公司“乞讨”，期望公司可以持续不断地向他提供工作岗位和工资；有的人在向周围的人“乞讨”，自己不肯努力，却想和别人分享成果；有的人在向社会“乞讨”，他们把自己的失败归结于社会，希望社会的竞争不要这么激烈，相关机构能多增加一些社会岗位——以上这些都是典型的乞讨行为。

归纳起来，职场乞丐有三种表现类型：

忍气吞声型：

他们是社会底层的人，大部分人来自农村，是典型的穷二代。虽然一心梦想尽快脱贫致富，但是更像热锅上的蚂蚁般没有明确的方向。在求职的时候表现得很弱势，只要公司肯录用，哪怕不给钱也会答应。入职后，在公司里受着夹板气，感觉就像棋子一样任人摆布，多少次想抗议，但考虑到自己的地位、实力，最终只能选择忍气吞声。

不思进取型：

他们对工作和生活追求的是安稳平淡，职业危机意识薄弱，在公司里做着边缘的岗位，享受着还算不错的福利，不敢轻易换工作，因为除了这个岗位，根本不知道还能做什么。自己不主动掌握主动权，却希望经济危机别来，希望公司别倒闭或裁员，感觉公司一旦有风吹草动，“灾难”可能会第一个降临到自己的头上。万一仅有的救命稻草也消失的话，将不得不重新面临找工作的尴尬境地。

不劳而获型：

这些人特征是不劳而获，其实就是自私心理。他们活在自己的主观世界中，心胸比较狭窄，只知道索取，不知道回报，平时很少主动帮助同事。他们一旦需要帮助的时候则理所当然地认为别人都应该是“活雷锋”，应该义无反顾地来帮助他；一旦遭到拒绝，会让他们那颗敏感而高傲的心受到刺激，开始抱怨社会冷酷、人情冷漠。

其实，我们的起点相差无几，对于能够挤过万人“独木桥”，顺利进入大学的人来说，大部分人智商方面相仿佛，能顺利拿到毕业证和学位证，也说明个人基础或专业知识相差不会太大。从背景角度来说，富二代或官二代毕竟是少数，大部分人来自于普通的家庭。因此，可以说大部分人的起点是相通的。但为什么很多人在职场顺风顺水，几年内可以取得很大成就，而有一些人的职业道路越走越窄？究其原因，这种职场乞丐的心理或行为很大程度上影响着个人的职业发展，其表现主要为：

首先，缺乏积累的意识和行动。他们看重的是眼前的利益，不懂得长期积累。在人际关系方面，更多的是把眼光局限于当前，有利可图的时候往前冲，没有好处的时候往后躲。用到别人的时候表面上像是一家人，用完以后就疏远对方。在知识积累方面，不知道该为自己的职业目标积累哪些东西，没有为自己长远发展树立投资的意识，更多的是希望自己的每份产出都能够立马见到回报。

其次，缺乏忧患意识。不少人进入职场以后向往稳定，尤其是已婚女性，认为能够有份相对稳定的工作就可以了，而该岗位有没有发展或者有多大发展是次要的。人生苦短，应该即时享乐，正是这种“小富即安”的心理，让她们在最能吃苦的时候，寻求安逸；在最该学习的时候，选择了恋爱；在最应该承受压力的时候，却选择了逃避。但她们不明白“树欲静而风不止”的道理，职场充满着太多的变数，当前的稳定只是暂时的，如果没有未雨绸缪的忧患意识，一旦突降天灾，只能是后悔莫及。

最后，缺乏一致的思维和行为习惯。我们常说成功是一种行为和思维习惯，一个人之所以成功，在于他的行为和思维习惯成功，所以他才成功。同样，对于很多职场“乞丐”来说，他们失败的地方在于缺乏良好的思维和行为习惯。他们往往在一些问题上面很纠结，尤其是在想做什么和怎么做的问题上，可能过想的比较多，但不够全面；可能想的比较全面，但又做的比较少。因此，我们在职场中提倡“知行合一”，不仅要知道自己该做什么，该怎么做和该注意什么，关键是还要能够高效地去做。

从本质上说，求职或工作是双向选择的过程，职场人和公司都在互相选择对方。因此，不能是乞求公司给自己一份工作或工资，自己也要考虑下个人的喜好及想法，而不是公司同意录用以后就万事大吉。因为一旦接受这份工作，也就意味着否定了其他适合你的岗位和接受了需要付出高于工资数倍的辛苦与汗水的条件。同时，不要认为自己就准备在这家单位退休了，侥幸地希望某家公司能够永远收留你。这种想法并不可取，因为公司本身有倒闭的风险。并且，当你需要的工资和产出不成正比的时候，他们可能会找理由排挤你，甚至把你辞退。因此，不管多么好的公司或单位，我们都要做好“一颗红心，两手准备”。

同时，我们自身也要学会换位思考，培养一种经营自己的意识，不管公司有何种不好的地方，要想着如何能够给公司带来更多的价值。要知道给公司带来效益或效率的同时，不但会受到公司的重视，还能够提高自己的认识和能力。这样才能保证自己所站的平台越来越高，选择越来越多。同时，在职场上，“一分耕耘，一分收获”不是实时的，具有一定的延迟性，不要努力半个月或做出点成绩，就期望公司马上兑现你的努力。

对于那些没有信仰和生活能力的乞丐来说，即使今天得到了很多的施舍，明天他依然会是一个乞丐。同时，从人的本性来看，太容易得到的帮助会让人并不十分珍惜，相反，越是会自甘堕落、不思进取和助长惰性。同样，对于那些一门心思想走捷径，自己不付出努力，完全依赖别人的职场人来说，你不能指望公司或别人因怜悯而给你安排一个岗位，因为所有的公司都不是福利院或养老院，都要考虑投入与产出，而以效益为最终目的。要让自己有赖以生存的特长和优势，让公司认为你的离开是一种损失，而自己也要有离开这家公司后的第二天就可以去比当前还要好的公司的自信和能力。

人活着是活一种态度，一种精神，期望所有具有“乞丐”心理或行为的职场人能及早退出“丐帮”，自立门户，成就一番属于自己的事业！

从“我想”到“我能”的距离

很多年轻人在面临职业困惑的时候，心里并不缺想法，想做的方向也很多，然而真正可以做的方向又很少，并且现在正做的事没有为真正想做的事添砖加瓦，这是很多职场人最容易出现的矛盾。他们并不是不去思考，更多的情况是想法很多却思考不出一个头绪，然后陷入一个恶性循环，每天沉浸在想法的漩涡之中无法自拔，所以干脆什么都不想。那么，从“我想”到“我能”的距离到底有多远？

有一个女孩，毕业于普通的本科学校，会计专业。由于开始就没有设定职业目标，导致大学时没做储备，荒废了几年。目前在一家小公司做行政兼前台，每天的工作内容很简单，也很轻松，但她总觉得没有前途，不喜欢现在的工作。但是她对于喜欢什么也不明确，只是朦胧感觉现在要么辞职，要么继续这么“稳定”地做下去。于是，她总结了四个选择方向：

第一，从稳定性考虑，想去做会计。毕竟大学学的这个专业，但是并没有从业经验，也没有任何证书与经验，一切都要从零开始，不知道现在回头是否还来得及。

第二，自己喜欢与人打交道，想去找份能够帮助别人的工作，比如心理咨询师。但没有心理咨询师资格证书和相关的从业经验，这个选择对自己来说也是一条漫漫长路。

第三，想往行政助理——行政主管——行政总监这个方向走，因为自己有相关工作经验。但是自己对行政类琐碎的工作内容没有耐心，现在每天工作下来没什么成就感，并且发展空间有限。

第四，有个姐姐是做外贸的，现在开个人的公司，很早就有车有房，姐姐建议自己去做外贸，自己当时就动心了，但是没有相关经验，英语能力也必须得加强。

从她的这些想法来判断，她是一个不甘平庸和想法很多的人，目前有四个职业候选出路，乍看上去都可以尝试一下，但真正能做、现实中畅通的又没有，所以导致她一直没有真正行动起来。在我看来，她已经陷入“我想”的怪圈，这主要由三个原因造成：

一、想得太多。认为要想摆脱迷茫，必须要多想几个候选职位，越多越好，这样才有更多的选择资本，也更加有安全感。于是大部分时间花在“我想”上面，虽然看起来有几个选择，但是多数是滥竽充数，经不起仔细推敲。

二、想得太糙。虽然很多人会对每个职业目标做进一步的了解和分析，但往往想得太糙，对于职业的了解仅凭借主观判断，没有意识到职场中没有完美的行业，各有优势与弊端，职场人很难绝对符合某个职位，势必要做出一些改变和取舍。而如果只是想“吃老本”，不做任何改变，那么职业转型自然非常困难。

三、想得太乱。很多人对自己的了解很少，不知道自己的核心优势是什么，想要做什么样的工作，而能说出的个人特长和爱好只是唱歌、逛街和旅游等休闲活动。对于一个如果连自己是谁和想要什么都不清楚的人来说，自然会导致很多不必要的想法交织在一起，像乱麻一样。

为什么很多人只会说“我想”？

这是因为很多年轻人存在一个心理误区，认为自己是大学毕业，具备很强的学习和信息搜集能力。所以，在选择职业的时候认为，只要自己想做，很多工作应该都能做，就业只是自己想不想的问题。

这种想法很天真，“应该能”并不等于“一定能”。事实证明，大多数有这种想法的人其实并不能，只是在用这种方式自我安慰而已。一方面，现实很复杂，很多人高估了自己的能力，而低估了现实的难度。另一方面，个人对职业真实情况的了解并不全面，企业在招聘过程中，更加注重效益及产出比，也就导致同等条件下更看重一个人的专业背景及积累，而不会给予求职者很长的学习和培养时间。即使很多人认为自己可以胜任某个岗位，但是需要拿出实实在在的东西给用人单位证明，而不只是靠和面试官拍胸脯和表决心。

当很多人认为自己无所不能的时候，往往会给自己太多选择的目标，而造成顾此失彼。就像这位女孩，认为自己能够做的有很多，所以轻易就列出了四条职业路线，但这几个目标匹配度并不高，更像是一种简单的拼凑。如果对每条路线进一步分析的话，很多职位都可以发现存在明显“硬伤”。

比如，对于英语专业性及口语要求高的外贸岗位，如果不了解外贸知识，且英语基础不是很好，实施难度将会很大。虽然可以学习和积累，但外贸知识和英语能力都不是短期内可以提高的，学习的过程还要花费时间和金钱。如果内心没有强大的动力，很容易半途而废。

因此，我们不能抱着幻想度日，就像童话里那位穿着新装的皇帝，自以为天衣无缝，一旦被人揭穿时，才发觉自己一直以来只是在自欺欺人而已。每个人要学会接受现实，一个人真正适合和允许做的工作并不会太多，勇敢放弃不适合自己的东西也是一种成长。

那么，从“我想”到“我能”该注意什么？

我们不妨对每个职业目标试着进行逐层、逐段分类，然后再根据每个阶段做调查和走访工作，再详细地归纳和总结，从而决定以哪个职业作为重点突破，哪个职业可以尝试，哪个应该完全放弃。

这样做的目的是更加明确目前阶段应该做什么，接下来做什么，最后做什么，让自己的职业梦想之路逐渐清晰化，能够明白离自己的职业梦想还有多远。即使挑战不成功，也不至于再次失去方向，因为还有一条后路作为保障，而自己也将接受现实，做好自己该做的工作。

比如，一个人当前有很大的经济压力，并且年纪也已经不小了，那么那种耗时比较长或难度比较大的转型则是一步险棋。尽量不要全职学习，超过一年的时间更是不可取，最好能够利用周末或晚上的时间来进修。即使全职学习，也应找份兼职工作来与社会接触，这样的话不仅可以在一定程度上减轻经济压力，还不至于与社会脱节。

我常对咨询者说这样一句话，任何事情的决策都要建立在数据分析和统计的基础上，否则只算是抓阄碰运气而已。对于很多人来说，解决“我想”的问题要学会抓住主要矛盾，明确问题重点。因为单纯从每种职业的表面来分析的话，由于其各有利弊，将导致难以进行取舍。

对于职业的想法应该建立在了解的基础上，获取信息的途径包括家人、亲朋好友及网络，并可以设置相应的维度进行分析，比如行业特点、工作内容、晋升空间、实施难度及实施时长等等，从而根据自己的实际情况来择优选择。

很多年轻人信息搜集的途径主要集中在网络，但网络上充斥着各种声音，不乏对于行业或岗位的消极声音，从而让很多人刚刚树立的信心又丧失掉。其实，任何行业都有混得好的和不好的，金字塔原理决定了好的只能占一小部分，自然每个行业或岗位都会出现很多抱怨的声音，只有那些不得志的人才去发牢骚和抱怨。我们不能因为某些人的反对就否定整个行业，因为真正的成功人士不会，也更没有时间来发帖抱怨。

因为危机＝危险＋机遇，所以别人说不好的时候，往往也是真正的机遇所在。这个公式告诉我，在看不到前途的时候，先选择自己喜欢做的然后坚持下去，也告诉我，不要轻易相信多数人的说法。

对于职业想法不能太简单。很多年轻人内心想法比较单纯，甚至还有悲天悯人的情怀，认为只有帮助别人摆脱痛苦，自己的人生才会有价值和成就感。就像本文中的那位女孩子，没有评估自己的优势，就想考心理咨询师证书转型做心理咨询师。要知道并不是考个心理咨询证书就代表入门，不少考过心理咨询师证书的人，尽管懂得了一些专业术语，对如何帮助别人分析和解决问题却是无从下手。进行专业的指导需要心理咨询师有专业的知识积累、丰富的人生阅历及大量的工作经验等。

更何况中国的文化提倡内敛，对于心理疾病更是讳莫如深，心理有问题的人并不等于一定能咨询。所以，该行业的前景并没有宣传的那么好。在电视或媒体上看到的很多风光无限的心理咨询专家毕竟是少数，在有执照的心理咨询师当中，真正从事心理咨询行业的不到10%，其就业率不容乐观，大部分人只是默默无闻地混口饭吃而已。

因此，在“我想”的时候应该懂得，不是所有的想法都像看起来那么美好，没有经过仔细分析的想法，很可能只是一个美丽的肥皂泡!

警惕自己的“替罪羊”心理

↘ 在古代，每年7月10日的“赎罪日”是犹太人的重大节日。这一天，犹太人会举行赎罪祭，请求上帝宽恕自己的罪。赎罪祭有一个主要的仪式，通过抓阄决定两只活公羊的命运。这两只羊一只被称作“The lord’s goat”，即“献给上帝的羊”；另一只则被称作“The scapegoat”，即“被放逐的羊”——后一只羊，即是著名的“替罪羊”。

在祭祀仪式上，犹太大祭司用双手按住替罪羊的头宣称，犹太人过去一年所犯的罪都转移到它的头上了，然后，它将被放逐旷野，这意味着它带走了犹太人的一切罪过。把无数人的罪过转移到一只羊的身上，这是古代犹太人的逻辑所在。

在职场中，也存在着类似现象。有一些问题，自己不敢去面对和行动，对这些问题视而不见，而将其怪罪到另一个事件上，这另一个事件，就成了逃避问题的“替罪羊”。我在每天的咨询中就能遇到不少类似的行为：

上大学的时候，以自己学校不好、专业不喜欢为借口不努力学习，肆意挥霍青春，到找工作的时候才发觉自己在几年的大学生涯中似乎什么都没有学到，终于悔恨不已；

工作之初，以自己没有“好”父母给安排工作、工作太辛苦或工作没前途等为借口就不努力工作，开始混日子，而从未想过对于没有方向的人来说，任何风都是逆风；

工作3—5年以后，以自己没背景、没运气、没毅力或没自制力为借口，不去寻求改变和完善，却以自己已经是“老油条”了，想要改变已经很难为借口，说自己反正已经这样了，顺其自然吧！

她，在半年前通过朋友介绍找到我，见到我的时候，她表现得很沮丧和焦急。通过交谈，我逐渐了解到她的情况。大学里她是学的环境工程，但自己并不喜欢，想找一份自己喜欢且有发展前途的工作。为了生计，她硬着头皮开始找销售岗位，虽然还算顺利，在一年多的时间内分别就职于三个不同行业，但结果都非常不理想，都因为自己抗压能力不强，害怕被拒绝和不认可行业的销售模式等原因，一直没有做出成绩，被迫以看不到发展空间为理由接连辞职。

在与我交流的过程中，她将自己职业问题的原因归结于不是重点大学毕业生、专业冷门和用人单位太挑剔等，却很少提及自己的不足。

后来经过详细的交谈，我发现她性格外向，思维活跃，沟通能力也比较强，但是她不喜欢主动营销的方式，感觉每天开发和拜访客户是一件非常痛苦的事情，无法接受别人对她的拒绝和冷漠，因为这会让她有一种强烈的挫败感。因此，我的判断是她并不适合做销售工作，于是建议她去应聘市场助理或专员的岗位，一方面能够让她的性格及表达方面的优势得到有效施展，另一方面不和销售相关，没有固定的指标压力，不至于每天愁眉不展。后来，她很快找到了一份市场助理的工作。

我以为她会按照既定轨道发展下去，但过了大概四个月，她再次找到了我，一开始便向我大倒苦水。她说很想辞职，因为和她一起进来的一个同事被提拔为她的领导了，她心里很不舒服，那个同事工作能力不如她，却只会讨领导欢心和溜须拍马，这些都是自己很不屑的行为。由于这些不满的情绪充斥着大脑，她对工作出现了消极情绪，开始犯一些比较低级的错误，自然受到了新领导的责备，而她也在盘算是否还继续在这里工作。

以上种种想法便是典型的“替罪羊”心理，终于，我问她：“难道你自己身上没有一点问题吗？为什么高中的时候不用心学习考个好点的大学？为什么报考专业的时候没有详细调查一下该专业？为什么明明不喜欢这个专业，知道就业率不高，却没在四年大学期间学习一些技能或者多参加社会实践？为什么你明知职场发展不单单靠做事，却还只顾低头做事？”听完我的这些发问，她终于明白，这么多年来，她一直活在“替罪羊”心理之中，将自身的不足全部归结于外部原因，这样的心理不仅解决不了问题，反而让自己的心情越变越糟，看问题的视野越来越狭隘。

很多有“替罪羊”心理的人会在事后总结的时候强调外在的原因，而淡化自身的问题，即使认识到自己的问题，也只是轻描淡写。有的客户在咨询前信心满满，仿佛会有毅力一直坚持咨询，但过咨询过一次后，第二次再咨询则是几个月以后的事情。我问他们拖延的原因，他们找借口说工作太忙、没时间等等，还有人以改变一个人的处世风格非常困难为理由，以此说明自己的性格中有些东西很难改变，于是继续放任自流。

诚然，人的很多想法、思维和行为是受环境等多方面因素的影响，改变起来的确有难度，但这不能成为我们不做出改变的借口。虽然很多东西不能彻底改变，但还是可以改善的。比如，经常使用良好、积极、建设性的语汇暗示自己，就会增强自信心。

人在职场，谁都难免会遇到一些不愉快的事，如晋升失败、工作不顺心、和同事产生矛盾等等，所有这些都可能会使我们感到烦恼、焦躁，情绪低落，所以调节好个人的心理平衡显得尤为重要。每个人都应学会以责人之心责己，以谅己之心谅人。我们都知道“阿Q精神”（又称精神胜利法），即阿Q挨了假洋鬼子的揍，无奈之余以“儿子打老子，不必计较”来自我安慰一番，倒也很快就心平气和了。适度的精神胜利法对于调节心理平衡仿佛非常有效，实际生活中人们往往有意无意地运用这种方法来调整内心平衡。

如果我们有找“替罪羊”的心理，只是一味把问题的责任都归结于别人身上，虽然心态调整了，心情又舒畅了，但是对于个人的成长来说帮助不大。因为绝大部分事情都是“一个巴掌拍不响”，一定会有其深层次的缘由。如果我们眼中看到的仅仅是对方的不好，对于自己的问题却视而不见，那在下次遇到类似问题的时候可能还会有现在的迷茫或者困惑。

比如竞选失败或者得不到领导的器重，虽然我们可以以各种理由来开导自己——没关系，下次还有机会；或者说这个领导太差劲了，再忍忍吧，要不就跳槽换家公司……但是我们更应该明白，这些想法是治标不治本的，因为这次我们没有晋升，如果分析不出具体的原因，找不到切实的解决办法，下次晋升也很难轮到我们，即使换家公司，如果没有掌握如何与领导沟通的方法，也只能是“刚出龙潭，又入虎穴”。

因此，我们也不能过度地用“阿Q精神”进行自我安慰，而要具体到每件让你不开心的事情上，找到其问题的根源，然后再具体改进。比如，晋升失败的原因不仅仅是竞争对手会溜须拍马，还有可能是自己做事不够认真，表现不够积极，人际关系还不好，仅仅满足于做好本分的事情等等，而这些问题才是我们真正需要关注和改进的。

为了能够实现每个人价值最大化和取得更大的成就，请停止寻找自己过失的“替罪羊”。

工作不是讲浪漫的时候

我曾经看到过一篇报道，某机构打着年薪25万来招聘号称“史上最浪漫”工作，在全国七座城市海选“爱情猎头”，宣称工作内容只需开着名车找美女，一年就能挣25万元。来应征者高达五万余人，这种高调海选虽然有炒作的嫌疑，却充分表明了当下人们对于浪漫工作的极度渴望。

浪漫一词对于每个人来说都不算陌生，浪漫可以是一种性格或一种生活方式。比如，有的人到雨中散步会感到很浪漫，吃一顿烛光晚餐也是感觉很浪漫的事。因此，对于一些性格中具有浪漫主义色彩的人来说，她们不仅希望自己有浪漫的生活，还希望能够时常与浪漫相伴，最好做一份带有浪漫性质的工作。

有位女性咨询者告诉我说，她已经工作五年多，虽然工作稳定，但是内心总是不甘，认为自己的性格比较天真烂漫、单纯率真，不喜欢过勾心斗角的生活。虽然年纪不小了，但接触过她的人都觉得她非常“天真可爱”，于是自己萌生出依本性找一份比较悠闲、浪漫且能赚钱的工作的念头。

这位咨询者的想法在女性当中很有代表性，她们对于很多工作的认识还不够深入，仅仅知道这种类型工作的光鲜，却不知道背后鲜为人知的难处。下面将分别以属于典型“浪漫工作”的咖啡店、鲜花店、蛋糕店和婚庆礼仪来分析下这些工作是不是真的很浪漫。

以职业花艺师为例，花艺师的工作是将花材进行排列组合使之更完美，并表达出一种美的思想或境界，下面包括很多小的分类：婚礼花艺师、花店花艺师、软装花艺师等。岗位的区别仅仅在于专注于不同的设计风格。做过这个行业的人都知道，其实工作内容并不浪漫。

一方面，从从业资格来看，花艺师需要有较好的素质、修养和品味，能对各种花草有独特、专业的眼光。另一方面，花艺师必须在设计风格上有自己的独到之处，有与众不同的审美能力，这样才会受到客户的青睐，才具有维持和发展壮大的资本。

专业性与优势的建立需要一个不断学习、摸索的过程。花艺师基本都是要从学徒开始做起，每天需要起早贪黑地学习和掌握花的基础知识、习性及特点，在不断的摸索和实践中成长，有着不逊于任何一项工作的强度和辛苦度。

如果为了所谓的“浪漫”就想做这行，就应该明白一个道理：再浪漫、有情调的东西变成工作，也都沉重得无法飘扬了。而如果没有发自内心的热爱和努力，永远不可能成为一个优秀的花艺师，你只会随着浪漫思想的消失，开始后悔当初选择这个职业。

很多人认为，做浪漫的工作能自己灵活掌握时间，工作悠闲，不用处理太复杂的人际关系。其实，这样的工作一点也不悠闲，甚至比一般工作还要费心费力。

很多人提到咖啡店就会认为那是个浪漫的地方，会不自觉地联想起沁人心脾的咖啡、舒缓的音乐。但如果是作为一名工作人员，就会明白在咖啡店工作不会比任何一个岗位悠闲。因为咖啡店是一种经营性质的企业，员工要招呼客户及提供客户所需的服务，还要处理各种琐碎的事宜，比如客户的投诉和刁难等。在这样忙碌而琐碎的状态下，相信很难顾及浪漫的音乐及温馨的布置，更多会在司空见惯中逐渐漠视这些外在的东西，而想着怎样不出差错或者被投诉。同时，因为咖啡店属于服务行业，没有正常的双休日，实行两班倒，比一般的八小时工作制还要长；如果轮到晚班，很多时候要工作到深夜甚至凌晨。

从心理角度来说，之所以可以感受到浪漫，是因为一个人在处于一个完全放松和心态相对稳定的状态下，所以会对外部的事物比较敏感，很容易产生一种新鲜和浪漫的感觉。但是，当我们处于一种工作状态中，人的注意力便会集中在工作上，这个时候，即使身处浪漫的环境也很难体会到浪漫的感觉，相反还会觉得浪漫是一件很无聊的事。可见，不管是在咖啡店工作，还是自己开咖啡店都不比别的工作浪漫。

每个人都可以享受别人制造的浪漫，但是一旦把制造浪漫作为一项工作的时候，就会发觉这是一件一点都不浪漫的事。

以婚庆礼仪行业为例，婚庆礼仪师需要根据每位新人的不同爱好、追求或诉求点而量身定做婚礼仪式，为了表达婚庆主题和侧重点，需要会场格调、灯光、音乐、道具、情感表达方式、舞台节目、主持人、主持词等各种人、物、情景等元素的完美配合方能演绎出一场期待中的婚礼。在复杂的流程准备过程中，要付出相当的脑力和体力。在整个婚礼进行的过程中，要不断地切换灯光、音效、气泡等内容，会担心哪个环节出错而影响整体的喜庆效果，根本无暇顾及婚礼的浪漫气氛。而终于等一场婚礼办下来，已经精疲力竭，很难去体会和回味婚礼中的那些浪漫，然后又匆忙准备进入下一个制造浪漫的过程，如此反复循环。

从审美角度来说，人们可能习惯于偶尔出现一次的浪漫情景，但是如果每天都遇到，那么用不了多久，就会产生审美疲劳。“浪漫”是一袭美丽的晚礼服，但你不能一天到晚都穿着它，直到有一天，对每天的工作很麻木，甚至成为一种沉重的负担，才会明白再浪漫的工作也只是工作。

对于很多想与浪漫工作为伴的人来说，首先要明确，自己是不是有一种逃避和畏难心理？是不是真的在所谓的浪漫工作上有特长或者优势？如果没有，还不如从自己熟悉和已有积累的行业做起。梦想不是完全没有可能实现，只是你目前没有为之积累和了解，如果这样发展下去，可能最终只能落个妄想。

个人提倡应该把工作和个人的浪漫主义情结分开，让责任和工作相伴，而兴趣应与参与为伍，不要重合两者。对于工作，我们应该用理性来看待，而不是用所谓的感性。毕竟，不论何种想法，一旦上升到工作的高度就会面临很多现实的问题，而个人如果无法克服这些问题，可能会掉进浪漫工作的陷阱而无法自拔！

不计较一时的得失，只关注长久的成败

有一位客户告诉我说，他是一名市场部经理。他为什么首先强调这一点呢？因为他觉得，自己得到经理这个职位很“幸运”。虽然他工作能力一般，业绩不突出，也多次出现过离开公司的想法，但因为自己不知道该去做什么，所以就这么做了下来。很多和他一起进公司的人先后离开了，所以他在公司渐渐成了资历比较老的人。凑巧的是前任市场部经理因为和老板在市场战略上发生了很大的分歧，一气之下辞职了，于是经理的这个职位空了出来。老板的事情比较多，无暇去做一些具体的管理工作，因此要找一个经理来负责。考虑到如果一个经理需要长时间的培养和锻炼，如果论资格的话就属他了，老板经过再三考虑，抱着赌一把的心态把市场部经理的职位给了他。这让他有点受宠若惊，感觉虽然自己没有信心做好，但是老板既然已经提拔了自己，那就来吧！幸运之神降临到他的头上，就这样稀里糊涂地开始了经理的工作。他虽然也做出了一点成绩——这让他更加肯定了自己的实力。但三个月后，因为公司一直亏损，导致几个大股东撤资了，公司戏剧性地倒闭了，他也毫无征兆地失业了。

虽然他明白自己当经理的时间不长，能力也没有得到明显提升，但是碍于自己的面子，心想下一份工作也至少应该等同于经理级别的岗位，于是就抱着这种虚荣心理把自己的简历“完善”了一下，把自己当经理的时长延长至一年，这仿佛让他更加有了底气和信心，于是开始了长达数月的面试之旅。但现实是残酷的，他虽然面试过多家市场部经理的岗位，但都因工作能力不强而遭到了拒绝。这不仅让他浪费了时间，还把他的自信心打击得一败涂地。普通员工不想做，经理又面试不上，他成了典型的高不成低不就，最终在不知道该如何处理这种尴尬境地的情况下找到了我。

了解了他的过往后，我对他说：“你是幸运的，因为多年的努力终于让你在职场上得以晋升，证明了自己；但同时你又是不幸的，因为短暂的经理经历在你心中形成了一道‘光环’，而你现在正是受这个‘光环’的影响而不能自拔。如果想从根本上解决你的问题，你首先要抛下这个既让你爱又给你带来无限烦恼的‘光环’——市场部经理的位置，这样才可以让你更好地认识自己，而不是只看到放大镜中的那个被夸大的自己。同时，你应该向下探究：自己是否具备了市场部经理所需要的能力及经验？”

这个时候他才有所醒悟，原来是他把自己看得太高了。他能够做到这个岗位并不是因为自己的能力有多强，只是机遇及资历的原因，一旦脱离这两个条件的影响，自己和一个普通员工没什么区别，这自然导致了在求职的过程中屡屡失败。失败的原因一方面是幸运之神不再青睐他，另一方面他的资历在很多公司看来只是工作的年限比一般人长而已，却不能带来相应的市场价值，自然在应聘管理岗位或要求高薪的时候，公司会拒绝他。以上两点的综合影响造成了他目前的尴尬境地。

经过深入交谈，他决定重新修改简历，把应聘的岗位修改成了普通职员，忽略了经理的经历，同时也把短期内的求职目标限定在市场部专员，当然终极职业目标还是市场部经理。

咨询完起身走的时候，我能够感觉到他的满身轻松，压在他心中的千斤巨石终于被卸了下来。又过了几天，他通过QQ告诉我，他已经找到了一份市场部职员的工作，老板很认可他，同时承诺，如果他能尽快做出成绩，很有可能被提拔为经理，他觉得自己又拥有了一片新的职业天空。看到他一步步地逐渐接近自己的职业目标，我觉得他应该感谢那段日子的挫折，因为这些挫折让他更加客观地认识了自己，同时也激发了自己那颗上进的心，再也不像以前那样浑浑噩噩地混日子了。

在总结这个案例的时候，我发觉这位客户之所以会迷茫，主要是因为他在职场晋升上存在着很多误区，认为既然上去了就不应该再下来，让虚假繁荣掩盖了大部分的事实真相。即使在当市场部经理的那三个月中，他也没有想过自己到底是因为什么被提拔上来的，单纯地认为提升是厚积薄发的结果，是自己各方面都得到了老板的认可，殊不知这其实是老板的一个“拍脑袋”式的决策而已。同时，他还忽略了机遇及资历等因素的影响，而这两点因素在现实中也起着很重要的作用。

其实，尽管有些人曾经受到过幸运之神的青睐，取得过一些成绩，但这些成绩的基础如果是不牢靠的，且没有进一步努力的话，最终很容易一败涂地，就像很多少年得志的人，几年以后就看不到他们的踪影一样。同时，我们也应该牢记，不能用一些偶然事件来预测成功的必然性，你在职场得以晋升并不一定代表你已经充分俱备了与岗位匹配的实力，我们要自问，还有没有能力和机遇支撑到下一个成绩的来临。而你目前没有晋升，并不代表你的能力不行，很可能是在认识与行为上存在着一定的差距，就好比职场人都懂很多大道理。但遇到问题时还是很迷茫，原因就在于他们以为自己懂了，其实只是懂得皮毛而已，并没有真正把道理消化掉，处于“一瓶不满，半瓶晃荡”的境地，所以在处理问题的时候无法让这些道理真正帮助到自己。

个人认为，偶然的成功并不代表什么，暂时的失败和迷茫也不可怕，最让人担心的是那种没有分析问题的能力却自我感觉良好的人。因为，任何东西没有经过自己的深入分析，就不会有深刻的认识，更不会形成自己的认知体系，而没有认知体系作为支撑，在遇到类似事情时是很难客观处理的。

任何没有经过自己仔细分析、沉淀和积累的东西都不真正属于自己，都是“浮云”，你认为呢？

年轻，就要对自己
狠一点

Chapter 4

第四章

做，才能改变：生命自有精彩，你只负责努力

- 看似单调和繁琐的工作教给了我一个道理：没有量的积累就很难有质的飞跃。
- 最有技术含量的不是一门技术，而是一个人的思考力、学习力及领导力。这才是最不容易被别人模仿和取代的“核心技术”。
- 没有谁生来就是担当大任的，都是从简单平凡小事做起的，今天为自己贴上什么样的标签，或许就决定了明天是否会被委以重任。
- 世上没有一帆风顺的成功，你的主动性决定了你的发展潜力。

每一个现在都连接着未来

很多从事着基础岗位的年轻人觉得工作单调和乏味，口头禅是“我就是一个打杂的”，虽然表明了谦虚的态度，但也从侧面反衬出他们对于工作的调侃和无奈。

↘ 有个女孩说：我以前在一家公司做了一年的行政，做得很不开心，今年换了一家，虽然转做助理，但还是做辅助类工作，没有谈涨工资的资格，是个可以随时被替代的角色。有技术含量的岗位受老板的重视，有更多的提升机会，而自己虽然也忙了半天，但只是在给别人打酱油。我也知道不能一辈子只做文员，知道随着年纪的增大，后面的压力会越来越大，所以如今不知道接下来的路该如何走了。

听完她的描述，我不由想起了电影《天下无贼》里黎叔那句耐人寻味的台词：“我最烦你们这些打劫的人了，一点技术含量都没有。”岂止是黎叔，我们绝大部分人也很烦从事那些没有技术含量的工作和岗位。

我自己也曾做过很长时间的基础岗位，能够深切体会到“不是不努力，而是不知该朝哪努力”的苦闷，毕竟趁年轻多掌握一些技能，才不至于被社会淘汰。但放眼社会上的各行各业，可谓种类繁多，但真正能够称之为有技术含量的工作又有多少呢？其实，基础工作是磨炼年轻人心智和毅力的最佳途径，更是通往技术含量工作的必经之路。大多数情况下你必须要做很多最初不想做的工作，才能拥有你最终想做的工作。

很多人之所以工作多年还做着基层的事务，职位和待遇一直无法提升，是因为他们沉湎于现状不思进取，从心底认为自己只是个打杂的，所拥有的都是一些杂乱无章的想法和不成系统的能力，从未想过如何从这杂乱的工作中学会归纳总结和辨伪存真，让所做的每一份基础工作都作为未来工作的铺垫，因此自然导致空间发展有限或受阻。

其实，公司提供给员工的学习资源有两种，一种是显性资源，即让你学习与岗位相关的知识和内容；另一种是隐性资源，即把公司看做一个资源库，只要你想，就可以学习到资源库的知识。很多人仅仅看到了显性资源，所以才会抱怨自己的岗位如何单调和乏味，而从未想如何利用隐性资源，在公司内的不同部门间寻找自己的兴趣点，通过学习和积累来寻求发展。

我不禁想起自己曾经在北京工作的一段日子，当时我还未毕业，在一家小型私企工作，待在初级岗位做一些很琐碎的事，工作内容不是很多。老板不想让我白领工资，就让我给后勤维修部的同事当学徒，每天跟着他们去一些大商场维修空调。我不懂维修技术，所以做的都是给维修师傅递工具、扶梯子和钻天花板等杂活。除此之外，还被派往建筑工地铺设电缆和网线，甚至连续钻了半个多月的下水道，每天工作下来都会累得腰酸背痛。

我自己心里明白，我可以因为没有工作经验来做这些基础工作，并且也尽力做到最好。但是我不会做一辈子，我迟早会离开这里，因为有更加宽阔的舞台在等待着自己。于是，在别人用于休闲的时间里，我一直在寻找机会朝着自己的目标努力，让白天的辛苦成为自己更加努力的动力。

后来因为论文答辩的原因，这份工作我只做了五个多月就辞职了。虽然老板竭力挽留，说准备提拔我做组长，但我还是毅然选择了离开。因为我已经将这份工作作为缓冲，准备带着这段时间的积累挑战更高和更加专业的岗位。

现在回想起来，那是一段单纯、辛苦和值得怀念的时光，而自己没有虚度，每天都在尽心尽力地观察和思考——这也是为什么直到现在我每天可以长时间地工作而没有感觉太辛苦的原因，正是这些看似单调和繁琐的工作教给了我一个道理：没有量的积累就很难有质的飞跃。

回头看来，职业起点低真得不要紧，关键是你的境界不能低，努力不能少。如果你真正去细分每个行业，会发现其实大部分人的工作都是那么回事儿，只要做着初级岗位基本都是在打杂，不管是行政、助理还是研发工作。同时，每一个行业都有它存在的道理，每个行业都有精英，除了那些技术性很强的工作，工作能够真正做好都是需要有一定技术含量的，不要随随便便说自己的工作没有技术含量或只是在打杂，那是一种没有志气和逃避问题的表现。正确的做法是该考虑如何将本职工作做到最好，尽力成为公司或岗位一个不可或缺的人。

自己一直认为，“没有小角色，只有小演员”这句话很有道理。一个岗位是否有技术含量不完全是由岗位工作内容及职责决定的，还要看你给岗位赋予了什么，是你的聪明才智，还是循规蹈矩？最有技术含量的不是一门技术，而是一个人的思考力、学习力及领导力。这才是最不容易被别人模仿和取代的“核心技术”，毕竟岗位只是被赋予的一个舞台而已，唱什么角色和内容是由你的实力来决定的。

很多人说自己的岗位没发展，很多时候是一种消极和片面的说法，**很多工作并没有想象中那么糟糕**，更多的情况是因为个人消极的情绪影响了看待事物本质的能力。

比如，学习ERP（企业资源规划）软件，学习的目的不只是界面功能和软件如何操作，否则的话，你只能成为一名简单的操作人员，而ERP最重要的是其管理思想。因此，学习者不仅要从表面的界面功能学习，更应该去领悟这个管理软件中的管理意义是什么，管理流程为什么要这么做，这样你才能够更好地认识软件，才能站在一个更高的层面来看待职业内容及发展。

同样，很多人认为“行政或助理就是打杂的，没有一点技术含量”的想法无疑是偏激的。如果把企业组织比作人的有机整体，那这种岗位就是机体的血液。试想，无论各个部件如何高科技，没有血液的支持，一定很难正常运转。

行政或助理工作看似无形，老板不重视，但我们要做的不是抱怨，因为这是个谁都会且也最没技术含量的行为，你不妨转个方向，想想该如何把它做得有形。因为我们工作的目的不仅仅是赚到那点微薄的工资，更在于如何通过一份工作来锻炼自己发现问题、提出问题及解决问题的综合能力，包括协调力、领导力、沟通力、说服力、执行力等等，以便为日后的工作晋升做好准备。你如果连这些锻炼的岗位都敷衍，不去有意识地去培养和锻炼自己，而是安于现状和抱怨，谁又能相信你能胜任大事?

年轻人，别再抱怨，请试着换个角度来看待自己的工作，问一下自己是否真的已经对工作用了心，像对恋人那样珍惜工作机会?如果没有，请将工作由别人“要我做”上升到主动和领导说“我要做”吧!

当你由“被动工作”变为“主动工作”的时候，你已经接近自己最想拥有的工作了!

我们应该明白，一家公司的主要目的是生存、发展和壮大。因此，大多数公司不会太多地考虑员工的职业规划和个人的主观愿望，因为公司可以轻易地招到人来顶替基础岗位。所以，我们不能消极地等公司来给我们定位，那样只会是出现了岗位空缺，才会让你充当消防员的角色。这样的岗位变动，目的只是保证公司正常的运转，而不是从个人成长的方面出发。这也是为什么很多职场人说自己成了万金油，看似做过很多岗位，但总是还没深入又被调至其他岗位，导致每个岗位都不精通的原因。

工作与生活是很琐碎的，但一个人的思维方向不能变得很琐碎，需要静下心来去想想自己下一步做什么，给自己确定个现实可行的目标，然后朝着那个目标去努力。爱情有时候付出不见得会有回报，但工作只要付出就一定有回报，只是会有一定的滞后性，不能过于着急。

仅仅做好本职工作就够了吗

我们都知道，销售人员是指直接进行销售的人员，包括总经理、业务经理、市场经理、区域经理、业务代表等角色。不同的角色负责不同层次的销售工作，公司的高管负责维系大客户的高层关系，而具体的实施工作则由其下属来完成。在管理销售人员方面，通过建立以客户为导向的绩效指标管理体系，从而引导销售人员树立“客户至上”的意识，事事、处处真正从客户的角度出发，站在客户的立场上，以客户为中心来解决实际工作中遇到的问题。并且，身为一个销售人员在销售过程中要不断考虑变化因素，如果不分析客户的变化，就会出现很大的问题。

很多人认为，行政、销售助理或人事这些岗位在老板眼中的定位是辅助型或打杂的，每天面对的人群是公司内部，根本涉及不到销售相关的东西。事实上的确如此，这些类型的工作入门门槛相对比较低，因此也成为很多职业女性职业转型的最后一根稻草。这些岗位的特点是晋升比较缓慢，因此想出头比较困难。正因为如此，所以很多相关从业人员从一开始就只顾低头做事，按部就班地来完成这些工作，工作一年下来一盘算，事情做了不少，但没有突出成绩，有的仅仅是一堆看似平常和琐碎的小事。三十多岁还从事基础岗位的女性大有人在，她们深知岗位的特点，因此对于做出突出成绩不敢奢望，只要有一份稳定的工作和不被领导训，不被别的部门投诉就很知足了。

一个做了五年销售助理的客户通过网络找到我，向我讲述了自己的职业困惑。她大学毕业后，由于专业不好，又没有一技之长，经过千辛万苦，终于找到了一份销售助理的工作。因为这个岗位工作相对清闲，因此她每天上下班的时间很有规律，而平时只是负责一些基础性的协调和辅助工作，空余时间自己就上上网、聊聊天或发发呆。她所属的部门是销售部，除了她一个销售助理外，别人都是销售人员。别的同事都很忙，而她大部分时间自己一个人在办公室，和同事及领导交流很少。待遇虽然不是很让她满意，但也至少能够养家糊口，于是就这样很“惬意”地工作了五年。期间心里也泛起过跳槽的丝丝波澜，不过最终还是以工作不好找或不想从事太辛苦的工作为理由而搁置了，用自己的行动很好地印证了“理智战胜了冲动”那句话。今年那家公司因为效益不好开始裁员了，很不幸的是，她第一个就被裁掉了。现在重新找工作的时候，她发现自己只能继续做销售助理的岗位。而对于这个早已厌倦的岗位，她已经避之不及了，但是，她又能做什么呢？

我问：你知道你的领导每天在做什么吗？

她说：不是很清楚，只是知道他很忙。

我又问：你没有和他汇报过思想和工作上面的事情吗？

她说：基本没有。

我继续问：领导对你的工作满意吗？

她说：谈不上满意。我基本是规规矩矩地完成，没有想太多和表达太多。

最后我问她：你怎么看待销售人员？有没有想过转型做销售呢？

她说：销售人员是向客户推销产品，然后取得客户信赖，直至和客户签订订单。一般做销售的人需要能言善辩的口才，而自己的性格偏内向，所以并不适合做销售。

……

其实这个客户的经历及想法非常具有代表性。每天的咨询过程中，我会接触到不同行业的从业人员，通过详细交谈后发现，他们对于自身岗位的工作内容还可以说清楚。但是一旦问到他们的上级或上上级的工作内容时，他们一般都会说不是很清楚或者凭印象大致说一下，但无法说到关键点上。问到他们对于未来的想法的时候，他们更是一头雾水，一脸茫然——即使已经工作数年，他们对于行业的认识还很浅显，人脉关系也少得可怜。这些都很充分地说明，也许他们经过不断地学习和努力，可以让自己成为一名“好员工”，但他们成为“好领导”的概率已经越来越小了。为什么这么说呢？因为职场中的大多数人在上班的时候都按部就班地工作着，下班后或周末则去处理生活上的琐事，根本无暇考虑职业高度和深度的问题，自然也就有很多人只能成为默默无闻的“老黄牛”。长此以往，升职自然远离了他们，被年轻人赶超也只是迟早的事情。

这让我想起一个小故事来：

↘ 有一个人，到公司工作快三年了，比他后来的同事都陆续得到了升职的机会，他却原地不动，所以心里颇不是滋味。

终于有一天，他冒着被解聘的危险，他找到老板理论。

“老板，我有过迟到、早退或乱章违纪的现象吗？”他问。

老板干脆地回答：“没有。”

“那是公司对我有偏见吗？”

老板先是一怔，继而说：“当然没有。”

“为什么比我资历浅的人都可以得到重用，而我却一直待在微不足道的岗位上？”

老板笑笑说：“你的事咱们等会儿再说，我手头上有个急事，要不你先帮我处理一下？”

原来有一家客户准备到公司来考察产品情况，老板叫他联系一下客户，问问他们什么时间过来。

“这真是个重要的任务。”临出门前，他不忘调侃一句。

仅仅一刻钟后，他就回到了老板的办公室。

“联系到了吗？”老板问。

“联系到了，他们说可能下周过来。”

“具体是下周几？”老板问。

“这个我没细问。”

“他们一行多少人。”

“啊！您没问我这个啊！”

“那他们是坐火车还是飞机？”

“这个您也没叫我问呀！”

老板不再说什么，他打电话叫了另一个同事进来——这个同事比他晚到公司一年，现在已是一个部门的负责人了——这个同事接到了与刚才相同的任务。同样，一会儿工夫他就回来了。

“哦，是这样的。”同事答道，“他们是乘下周五下午3点的飞机，大约晚上6点钟到。他们一行5人，由采购部王经理带队。我跟他们说了，我公司会派人到机场迎接。另外，他们计划考察两天时间，具体行程等到了以后双方再商榷。为了方便工作，我建议把他们安置在附近的国际酒店，如果您同意，房间明天我就提前预订。还有，下周天气预报有雨，我会随时和他们保持联系，一旦情况有变，我将随时向您汇报。”

同事出去后，老板拍了他一下说：“现在我们来谈谈你提的问题。”

“不用了，我已经知道原因，打搅您了。”

他突然明白，没有谁生来就是担当大任的，都是从简单平凡小事做起的，今天为自己贴上什么样的标签，或许就决定了明天是否会被委以重任。

能力的差距直接影响到办事的效率，任何一个公司都迫切需要那些工作积极、主动负责的员工。**优秀的员工往往不是被动地等待别人安排工作，而是主动去了解自己应该做什么，然后全力以赴地去完成。**

最大的“贵人”其实是自己

我们都知道资源的重要性，大部分资源以物质形态呈现，如金钱或其他所有能看得见的物质，但仍有一些资源以非物质形态出现，如知识、技能、思想、精神、理念以及自身的素质等；还有的资源介于两者之间，如人际关系或机遇，即人们常说的贵人或人脉。

所谓贵人，指在职场中能给我们提供机会，物质帮助，思想观念的启迪，潜移默化的影响的人。有了这些贵人的提携，一来容易在平凡的岗位脱颖而出，二则可以大幅度地缩短成功的时间，三是在复杂的职场中少走弯路。

相信很多人都希望能从天而降一个贵人或伯乐，可以使自己少走弯路，平步青云。尤其是那些遭遇职业发展瓶颈的人则更加迫切，甚至有人提出“你再牛，没有贵人相助也只能是蜗牛”的言论。这种对贵人的期望可以理解，但对于积累人脉和资源管理，我们更应该有目标、有计划地来完成，而不能顾此失彼，白白浪费时间和精力。

我曾经遇到过一位工作了十年的咨询者，他目前在一家大型公司做销售代表，虽然自认为很努力，但业绩一般。他在刚毕业的时候曾想通过创业来实现个人的价值，因为性格、能力及人脉方面的原因，一直没有下定决心，结果拖到了现在也还是一头雾水。我问他准备从哪个行业入手时，他说还没有找到切入点，可以做的项目很多，但是又觉得每行竞争都很激烈，于是想通过寻求职场贵人来帮助自己打破目前的发展瓶颈。

偶然的一次机会，他通过朋友的介绍，结识了几位国企的副科长，便认为结交贵人的机会终于被自己等到了。从此之后，周末的大部分时间他都会去陪这些“贵人”消遣，比如打牌、唱歌、吃饭或出入高档娱乐会所，他认为这是一种“投资”，出手自然非常阔绰，几个月下来，自己的积蓄花出去了不少。我问他：“这么多的投入值得吗？这些贵人能够给你的创业带来什么帮助？”他胸有成竹地说：“我把他们看成‘潜力股’，虽然目前他们还没有给自己带来多大帮助，但是我们已经很熟了，互相称兄道弟，等他们升至中高层的时候，他们到时候肯定能帮我！”我追问了一句：“先不考虑他们能不能升至中高层，但我们都知道，国企晋升普遍较慢，假设他们在若干年后升至中高层的时候，你多大年纪了？你那个时候还有创业的激情和信心吗？并且一般国企的项目都采用招标，对于公司的资质要求比较高，只有大企业才能有相关的资质承接项目，以你目前的情况，需要多久才有能力承接此类项目的机会？”他无言以对。

这位咨询者的想法很具有普遍性：一心想寻求贵人，自身也会付出一些努力，但是对于贵人的认识是片面的，所以效果往往事倍功半。很多人工作多年了，职业发展相对停滞，虽然深知通过努力也可以改变现状，但惰性、意志力不足等原因让他们想另辟蹊径，于是打着寻找贵人的幌子和别人吃喝玩乐，并且认为吃吃喝喝是寻找和发现“贵人”的必经之路，美其名曰这是一种人脉投资，并且乐此不疲。由于他们尚未明确自己的方向，只是盲目的积累，因此导致了所积累的人脉都是对自己职业发展没有帮助或者帮助甚微的“伪贵人”。

纵观很多人的职业发展历程，我们从大学毕业到进入职场的漫漫长路中，学校名气、学历及专业的作用会逐渐被淡化，而工作履历、工作业绩和个人能力则越来越受到企业的重视。这也是为什么很多普通院校的毕业生通过几年的努力照样能创造出不凡的成绩，而很多自认为是重点大学毕业生的人则在职场中举步维艰，甚至逐渐被边缘化。

其实，大多数人缺少的不是信心，因为刚毕业时都是信心满满的；也不是缺理想，因为每个人心中都早已给自己绘制好一幅美好的蓝图；更不是经验和阅历，因为每个人只要用心工作，在工作数年后都会积累很多经验和阅历。那究竟缺少的究竟是什么呢？**其实是缺失了一种独立分析能力和心理承受力**。

造成这些问题的原因有很多。在社会、学校及个人多重因素的影响下，导致很多人犹如温室里长大的花儿，弱不禁风。大学毕业前尚有父母和老师等人的庇护，而一旦脱离温室完全靠自己的时候，则不堪一击，这种状态下如若有快速成功的想法，无疑更像是痴人说梦。所以，造就了很多职场人错误地认为，要想快速实现自己的理想，只靠自己的努力是远远不够的，必须借助外界的力量，寻找自己的“贵人”。因为“贵人”有能力、有经验、有阅历，应该能快速改变我们的生活。

其实，这种想法放在现实社会中也没错，由于经验和阅历以及能力有限，我们遇事往往不能做出正确的选择。在这个时候，如果出现一位有经验、有阅历、有能力的“贵人”，的确是我们人生的一大幸事。很多时候我们会被迫选择一条不尽如人意的道路，因为认识不足或者经济能力等原因放弃学业或梦想。在这个时候，如果能够得到外界足够的支持，有“贵人”帮忙，我们人生的道路就会顺利很多。但是，如果把所有的希望都寄托于“贵人”身上，或者用一种错误的方式来寻找“贵人”，那么也将是大错特错了。

贵人很重要，学会寻找更重要。贵人是人，不是神仙，因此，他们也不是万能的，更不可能有求必应，某个人对于别人是贵人，对于你不一定是。根据你所处的时间段、地域和行业的不同，定义“贵人”评判的标准会有不同。

就像有位职业困惑者找到我说：“李老师，您帮帮我吧！”我问他：“你需要我帮什么？”他说：“我也不知道需要你帮什么，但就是想和您聊聊，也许在这个过程中您就帮到我了！”可见，他连自己的具体困惑在哪里都不知道，沟通效率和帮助效果肯定会大打折扣。他在乎的是一个和我交谈的过程，而交谈的内容及结果在他看来不是很重要。我只好对他说：“我也不是万能的，肯定要结合你具体的经历及问题来谈，而不是漫无目的地交流啊！”

因此，任何事情要从自己的实际情况出发，要明确自己的目标是什么，想成为什么样的人，此刻最需要贵人帮助的内容是什么，综合上述条件来综合决定此刻需要什么样的“贵人”。并且在找到“贵人”候选人以后，还要有意识地将其分类，而不能胡子眉毛一把抓。像文章开始提到的那位职场人一样，自认为目前的人脉是一种积累，其实他所积累的都是对自己帮助甚微的“伪贵人”，那样就得不偿失了。

也许，某些人比较幸运，初入职场就遇到了“贵人”，短时间内就升到了经理或考上了公务员，但是我认为这样的幸运一般是短暂的。**因为贵人只能助一时，而不是一世**，很少有贵人可以从始至终地来帮助人，最终还是会把问题落实在个人身上。如果这个人能力真得很强，则可以抓住这个机遇，但是对于能力一般的人则很容易逐渐地丧失机会。

↘ 我身边就有太多这样的例子，曾经有位朋友，刚毕业的时候因为亲戚的关系，进入了一家垄断性国企，刚进入第一年年薪就是10万。而那个时候我们大部分同学还没有满足温饱需求，所以他成了我们羡慕的楷模。但是，因为他为人比较懒散，不喜欢上进，人际关系处理能力很差，这么多年下来，还只是一名普通的职员，虽然福利待遇也还算可以，但是已经很多年没有涨过，每天就是用打牌、喝茶来混日子。同时，滋生了被同龄人甩下和被同事边缘化的失落感，想离开却又不能离开的那种难堪滋味是很多人难以忍受的。

所以，当我们发现那些因为遇上“贵人”而进入好的平台的人，如果在若干年后做出更大成绩的时候，肯定是他个人能力的成功，而不能简单地说是“贵人”相助才会如此。

因此，对于那些尚未遇到“贵人”，并且想办法在寻求“贵人”的年轻人来说，应该遵循“穷则独善其身、达则兼济天下”的原则，不要着急，不要气馁，更不要“吃不到葡萄说葡萄酸”。因为，**这个**

世界不存在绝对公平的事情，总有一部分人会先富起来。我们要做的是努力接受这个现实，以免出现过激的情绪。

“God help those who help themselves”这句话告诉我们，“自助者天助之”。想要得到“贵人”帮助的前提是自己帮助自己，换句话说就是变被动为主动，由“守株待兔”或等着天上掉馅饼的思维模式转变为主动思考、主动寻找和主动出击的模式。自己不仅知道自己需要什么样的贵人，还应知道如何找到，并转化为有效目标。当你逐渐由消极的思考方式向积极主动转变的时候，你会发觉，这一切改变都是自己通过努力来实现的，这个时候，“贵人”也许会不期而至了。或者，你在这个过程中没有遇到当初期望中的“贵人”，但是你已经通过“自己”——这个最大的职场贵人取得了很大的成就。那个时候，你应该会更加淡定和坦然，因为你帮助了自己，达到了殊途同归的成功效果。

生活不会辜负努力奋斗的人，与其不断外求“贵人”，不如付出努力提升自己。任何时候，最大的“贵人”都只会是我们自己。

主动程度决定了你的发展潜力

找工作就像找老婆，都说适合自己的才是最好的。问题在于，不是每个年轻人在找工作前都能想清楚这一点。对很多人来说，究竟想做什么，究竟能做什么，要试过才知道。在机关或事业单位谋一个稳定的职位，或者像《杜拉拉升职记》的主人公杜拉拉一样在大公司里打拼，当然是一种选择，但下基层做村官或社区干部，去企业下车间，甚至像卖鱼、养猪这样的自主创业，也未尝不可。

世俗对职业的评价，也许会给某些从事基层工作的年轻人们“屈就”的感觉，找工作过程中遭遇的性别歧视、学历歧视、人情关系等现象，也许会让年轻人觉得不公平。但人情也好，学历也好，永远只是一块敲门砖，所有的用人单位，最看重的永远都是个人能力。一个人能否成就事业，能否成为真正的人才，最终的决定因素也是个人的综合能力。更何况在一个充满变化的时代，热门行业可能会变冷，冷门行业可能会变热。新的机会随时都会出现，刚刚步出大学校园的人，找工作时与其追求一步到位，不如多作尝试。**逐渐积累起来的人生经验，才是寻找更大发展空间的资本。**

我之前所在的公司新招聘了一名行政人员，这个岗位待遇不高，并且工作内容很琐碎，在一般人看来发展空间不大，所以这个岗位经常换人。但是我的这位前同事从接手这份工作的第一天开始就与众不同，一般人都会有至少十天的时间来慢慢熟悉工作流程和工作内容，而她仅仅用了两天就全部熟悉了。因为公司人数众多，且行政岗位只有三个人，以往的行政人员每天总是忙得焦头烂额，而她看上去很忙，但并不慌乱，一切都有条不紊地进行着。很多行政人员一般都会在工作的间隙上上网，看看新闻或买买衣服，可是她却在整理表格和文件。半个月后她把一份详细的计划书发给了行政部门主管，原来她利用工作间隙和休息时间，通过上网查资料和多方求助等方式整理了一份详细的工作建议书！不像那些罗列很多形式性内容的表面工作，她的建议书不仅仅指出了目前工作中的一些漏洞和不足，还提了很多建议性的内容，并且还充分考虑了可行性等问题，很难想象一个来公司工作不到一个月的行政人员可以写出如此有建设性的内容。

后来在工作之余我和她聊了一次，她大致谈了下她的工作经历。原来这是她的第二份工作，之前她也在一家单位做行政人员。由于她毕业没有多久，并不是太注意工作和遵守公司的规章制度，所以经常迟到和早退，并且上班期间大部分的精力放在了聊天和看新闻上面，结果可想而知，三个月后她被辞退了。当时她觉得自尊心受到了强烈的刺激，但是她明白这一切都是自己造成的，并且深知“知耻而后勇”的道理，并没有着急找下一份工作，而是着重分析和总结了自己在那家单位的种种表现，然后以列表的形式进行了汇总，这个时候才发现按自己的行为和表现，其实早就应该被辞退的。痛定思痛之后，她明确了自己的职业目标和方向，并且想“哪里跌倒就在哪里爬起来”，于是找到了目前这份行政人员的工作，也就有了她后面的种种表现。半年后，她由于工作表现优异，被市场部总监看中，调到市场部负责市场相关的工作。来公司工作两年多后，她已经被提拔为市场部副经理，前途无限。

有位毕业一年多的男孩子踌躇满志地对我说，他要做销售业务。因为他觉得自己口才好，善于与人交往。我告诉他，他口才好，所以就想做销售，这种推导并不一定能成立——我们常常认为一个人的口才好就等同于沟通力强，其实这是一种误解，很多人确实可以和别人滔滔不绝地说很久，这并不能说明沟通力强，因为他们大部分时间只是说自己知道的事，而不是在说别人想知道的事。我继续问他：“你知道推销、销售和营销三者的区别吗？”他想了一会儿，支支吾吾地说，应该差不多吧！我告诉他：“这是做业务的三个不同层次：**推销不考虑客户需求；销售是用价值和附加值满足客户需求；营销是先帮客户解决问题，然后创造和提升价值**。你要想下自己能做什么层次的销售，即使你想做销售，也应该知道一些简单的基础知识，而不仅仅是只知道‘我想’，却不知道该想什么。”

你所想的是你内心的真正想法？还是在盲目跟风、跟随别人的意愿？别人说好的职业你就去做，别人说不好的就避之不及，这只是没有一点主见的证明。因此，我们更应该静下心来想下什么才是自己最为看重的。如果自己去做真正想要的工作，在执行中即使遇到困难也不会轻易退缩。因为你会在内心深处告诉自己，这是我喜欢的、适合的和向往的工作，遇到困难也肯定是正常的。世上没有一帆风顺的成功，你的主动性决定了你的发展潜力。

用伟大的坚持来支撑梦想

谁没有最初的梦想呢？每个人小的时候都会被长辈问长大了想做什么，而我们都会说出几个自己觉得很伟大的职业，有的想当警察，有的想当科学家，甚至有人想当外星人。虽然是千奇百怪，毕竟自信满满。当成年后的我们再被问及梦想的时候，我们可能会陷入思考，因为儿时的梦想已经淡忘，我们不得不为了维持生计做着一份不怎么喜欢的职业。有多少人直到退休都没有实现自己的梦想？有多少年轻人初入职场便处处碰壁，一蹶不振？又有多少人从毕业前就在困惑，直到工作多年后发觉困惑还是挥之不去？

曾经有位刚毕业的大学生对我说："李老师，我感觉理想与现实那么遥远！现实的我想要高工资、好单位；理想的我想要从事工资不高，却能满足我愿望的工作。现实的我不知道如何去追求那种所谓的好工作，理想的我不知道如何获取我真正想要的生活。现实的我在追求到了工作之后会害怕，我不喜欢，却会努力做好，因为有高工资会给我补偿；理想的我却怕追求了半天却发觉这理想不是我真正想要的。"

在这个物欲横流、浮躁至上的时代，很多年轻人会发出疑惑，我们到底还需不需要有梦想？马丁·路德·金的那句经典的名句“I have a dream”是否已经在人们的脑海里逐渐淡忘，直至消失不见？我的回答是：当然需要，而且一定要有梦想！因为一个没有梦想的人就像一只无头苍蝇一样四处乱飞，毫无目标，更会像墙头的草，随风而倒。而有梦想的人则是有目的地在工作和努力，虽然目前还很渺小，但只要每天都在进步，那么就向梦想靠近了一步。

梦想是个很神圣的东西，但同时也是个很“廉价”的东西，因为每个人都有梦想的权利，并且每个人的梦想都可以无限美好。但是梦想看不到，摸不着，在没有实现前很难感知它的价值和意义，没有人会因为自己的梦想伟大而被人尊敬，如果轻易向别人说出自己的梦想，反而往往会被别人嗤之以鼻。无论如何，让自己心里有个梦想总是件不错的事，但每天不能数着自己的梦想过日子，梦想不是光靠想就能实现的，要看你自己是不是能够尽快适应社会人的生活，以一个社会人的思维模式去思考和看待问题。这其中，成长是最关键的。不管社会多么残忍与冷酷，大部分人还是能把自己的生活过下去。在这个过程中，成长的你也许正一点点地靠近你的梦想。

我们到底还需不需要有梦想？当你仅能依靠自己的能力，而无父辈或其他辅助时，无论是面对这个问题，还是思考这个问题并为此付出行动，或许都是痛苦的。毕竟生存第一，有时为了生存下去人们必须放弃一些理想，而同时维持自己不灭的希望，基本上等同于你在做双倍的工作（生存和理想），因为生存和理想可以统一的情况只属于个例，你基本上不会是那个幸运儿。经过漫长的双倍努力和等待，当机会来临时，或许你又必须放弃自己之前千辛万苦才达到的高度，为理想而选择重新开始，此时或许你又犹豫了，而这珍贵的机会也许转瞬即逝……

总之，品尝了孤独、艰难、绝望、毅力、恒心、勇气、果断之后，才发现还真没有什么是从天上掉下来的，然后你心情平和、快乐工作。

也许你会说：有一天，我有了足够的物质基础，我会去圆梦，做我喜欢的事情，尽管我没有去尝试这件事是否适合自己，是不是做自己喜欢的事就可以发挥出自己最大的潜能，但我总得去试一下——不然我会觉得我的生命就是一口枯井。虽然我自己想得很透彻，但现在还得在等待中煎熬着……有时会发狂，有时想呐喊：为什么梦还离自己那么遥远？为什么还没踏上梦的征途？有时会突发奇想：放弃一切，去追梦吧！太天真了，我自己的温饱还解决不了！我该怎么面对现在的生活呢？

如果是这样，那么就做一份你并不绝对喜欢但是却可以保障物质生活的工作，然后用做这份工作的收入来维持自己的兴趣。这是聪明的选择，也是一种将工作与兴趣，也就是工作与事业都经营起来的好办法。

在人生的每个阶段，都有不同的角色需要我们去扮演，也需要承担不同的责任，这些会在很大程度上影响到一个人的职业规划。就像前文中的那位客户，最后他做出了先找工作，后顾兴趣的选择。因为，在毕业后的这一阶段，他首先必须生存，这更重要于培养自己的兴趣。但他没有放弃梦想，在今后的职业生涯中，他会慢慢积累经验和实力，开拓更多的空间，并最终从事自己所喜欢的职业。

梦可以解释为欲望，想可以解释为行动，梦想则是两者的结晶。你必须清晰地分辨两者，即认清自己发展的进程和事业目标，作为选择职业与承担任务的依据，同时把相关的工作经验积累起来，准确而充地分利用有关的机会与资源，指引自我不断进步与完善。工作本身是一个人的义务，一份价值的体现，一类工作的追求，是一生技能的提升，一种职业的不断发展，也是一个梦想的载体。但现实中，我悲哀地看到，大多数人不是因为懈怠而舍弃自己的目标，就是将梦想沦为缺乏行动的空想。

可以甘于平淡，不能安于平庸

你是否对于自己的工作越来越习以为常，感觉日子平淡无奇，早已没有初入职场时的新鲜感和豪情万丈？

你是否对于自己的工作感到厌倦，每天按部就班地工作，而每当想到未来出路的时候却一筹莫展？

如果是，那么，你就要警惕了。因为，你可能已经陷入职场的沼泽，在不知不觉中越陷越深，逐渐走向了平庸，甚至是堕落。

一位工作多年的咨询者向我倾诉，他做国际海运操作的工作有五年多了，还只是一名基层员工。随着年龄的不断增长，越来越不适应每天十二小时的工作时间和紧张的工作节奏，每天的心情也很抑郁。最终，他在几个月前选择了辞职。但是，他这几年来只对货代行业比较熟悉，并且仅限于一线的工作流程，不知道除了这个行业之外，他还能够做什么行业和岗位的工作。最为关键的是，虽然他虽然接近而立之年，却一点都不了解自己。比如，不知道自己的兴趣是什么，特长是什么和想要做什么类型的工作。

他在家混了几个月了，还是一筹莫展。碍于不知道出路在哪里，他前几天参加了人生中的第一次现场招聘会。到了招聘会现场，面对一张张年轻的求职面孔，他发觉自己这个年龄已经算是“老人”，觉得和一群年轻人抢饭碗是一件尴尬和没面子的事情。并且，企业的招聘信息基本都是要求应届生或工作三年以内的初级岗位。并且，当招聘人员问他有什么特长、兴趣和想从事什么类型工作的时候，他竟然都不知该如何回答对方。因为，他觉得想做的没能力和经验去做，想找个喜欢的岗位又没有明确的目标，找个简单而重复的工作又不甘心。

我问他：“你工作五年以来，没有关注过自己本身的特点和货代行业以外的信息吗？”

他说，截止目前，他只做过那一份工作，并且那份工作也是经过熟人介绍的。当时没有经过正规的面试，就直接办理了入职手续。而也没有考虑自己是否适合及职业发展的问题，只是遵循“先就业再择业”的原则，想着以后找到喜欢的工作再换，然后就稀里糊涂地混到了现在。虽然有时候也曾想过换工作和学习一些知识作为储备，但是由于不知道该做什么工作，也不知道该具体学些什么知识，加上每天上班时间比较长，下班后就只想着休息，对其他事情根本打不起精神，所以这几年基本上什么也没学习。对于自己的岗位虽然已经很熟悉，但是早已厌倦，即使坚持做下去，也只是用时间来换取一些微薄的收入。

很多人在大学毕业之初，由于缺乏对于自身和社会的认识，在懵懵懂懂的状态中进入了一个职业领域——相信很多人都亲身经历过这个阶段。但是，为什么很多工作多年的人，明知自己不喜欢本行业或岗位，却还可以在一个岗位上浑浑噩噩混上很多年？哪怕每天过得闷闷不乐，也不会为自己的出路多做一些准备？

也许他们在没有明确职业目标的时候，为了生计不得不先“骑驴找马”。但关键是，更多的人在寻找态度、方法及执行力方面都存在着很大的问题，导致换工作的决定更像是心血来潮，坚持不了多久就不了了之。相反，衣食住行相关的内容，比如美食、衣服、旅游或养生等等却可以成为他们常态化的关注内容。

时间久了，他们逐渐对自己的生活和工作进入一种习以为常的惯性之中。殊不知，正是这种习以为常的状态，让很多在学校时很优秀的人，通过几年的“磨炼”，逐渐走向了平庸。直到某一天突然醒悟时，才发觉自己已经浪费了太多的宝贵时间，不仅没有找到属于自己的“马”，还虐待了自己本应该照顾好的“驴”。

↘ 有个女孩子告诉我，她并不喜欢工作，所以不会花时间关注工作方面的信息。她不仅对工作发展之类的话题充耳不闻，甚至连部门内的同事都没有记全名字。她平日里关注的重心就是网络购物，每天会利用上班时间在网上参加各种团购活动或者搜集各种打折信息，对这些信息可以如数家珍。网络购物已经成为她的一种生活习惯，如果哪天没有买件东西，总会觉得心里很失落——对于持有这种工作态度的人，怎么能指望她在工作上做出什么成就呢？

一个人之所以在面对出路的时候会感到困惑，无外乎两个方面的原因。一个方面的原因是对自己不了解，知道自己能够干什么、想干什么和该干什么；另一个方面的原因是对职场不了解，对工作流程冥思苦想半天也想不出个所以然，即使最终得出方法或结论，也可能执行难度大而被迫放弃。这两个方面的问题都不是一蹴而就和临时抱佛脚便可以解决的，不仅需要个人加强自我了解和培养认知及思考能力，还要对外界信息进行关注及搜集整理，保持高度的敏锐性——两部分内容缺一不可。

为什么这位咨询者已经工作五年多，却对于自己的特点和职场基础知识一点都不了解？不知道自己的性格特点、兴趣和特长，不知道自己到底想要什么，甚至连最基础的面试技巧和流程也不清楚。出现这样的结果绝非偶然，因为他身为一名职场人，在本职工作上没有进行钻研和深入研究，满足于“当一天和尚撞一天钟”，以致工作五年了，对自己的行业还没有深入的认识。而在有限的空余时间中，却关注了太多与职业及发展无关的内容，比如娱乐或休闲。

生活中有太多可以关注和尝试的东西，把内心投射在哪里，就决定了我们是个什么样的人。**我们可以是生活达人或者娱乐达人，但是如果将太多的视角投射在生活类的内容中，则很难成为一个职场达人。**自己职业发展的问题，你一天不关注，没有问题，两天不关注，也没有问题，如果天天都不关注，那么将有很大问题。好比一个人驾驶自己的船离开港湾，驶入大海许久以后才发觉船开始漏水，即使想回头或重新再来，想必也只能看个人运气了。

有人曾对我发出这个疑问：李老师，我自己每天也在关注职场，但是感觉收获甚少，有时候怀疑是不是该继续关注……我对他说：在感情世界里，一方的付出不一定换来另一方的青睐，但是在职场的世界里，一个人只要认定方向和肯于付出，始终会有回报。只是有的回报短期可以看到，有的则是需要长期努力才能换来，而长期努力换来的回报往往更弥足珍贵。

所以，我们在扮演好生活角色的同时，不要忘记我们还有一个重要的角色——职场人。一个人可以没有兴趣，可以不去娱乐，但是不能没有工作和收入，而一份工作也是实现个人价值的有力证据。职场知识不是及时雨，什么时候需要，提前突击一下即可得到，而是一个人平时的积累和沉淀。

对于自己到底想要什么这个问题，相信很多人很难一下回答出来，毕竟现实是复杂多变的，个人很难在冗繁的事物中辨伪存真，找到自己最为看重的东西。并且一个人想要什么也会随着时间和地域而发生改变，可能今天想要的到了第二天就会发生360度的转变。

↘ 我曾经问一位咨询者他想要做一种什么类型的工作，他说他不知道，也没仔细想过，然后他问我："李老师，您觉得我该做什么样的工作呢？"我给他举了个例子：假设你在街上拦下了一辆出租车，上车后，出租车司机问你想去哪，你回答："师傅，我不知道该去哪，您觉得我该去哪呢？"我想那个出租车司机听完后一定会无语。这类咨询者之所以不了解自己的想法，主要是没有关注和留意过个人的特点，自然在平时就不会去归纳和总结，而头脑里多年以后存储的还是一些杂乱的信息碎片。

据我观察发现，一个人大部分时间在关注什么，往往在很大程度上决定了他每天在想什么和对什么方面感兴趣，自然也会随之积累相关的知识。

一个人如何发现自己到底喜欢什么？这里主要采取两个方式：

一方面是个人内在因素的探索。可以借助一些测评来开拓自己的思维，也可以问下周围人的意见。

另一方面是外在因素的探索。主要是在有限的时间和能力范围内多去尝试和了解不同的行业、职业信息，接触多了，就可以大致知道自己相对喜欢什么。毕竟喜欢是个比较值，而不是绝对值。即使还不喜欢，那么至少可以知道自己不喜欢什么，然后用排除法进行择优选择。

现实生活中，总有一些让人感到惋惜的故事。比如说，一个优秀的女人，因为命运的捉弄，遇到了一个坏男人。也许这个男人并不适合她，对她也不好，明知道这样下去不会幸福，但还是有很多人用各种理由来劝说自己选择习惯性的忍受和妥协。一般到故事最后，结局往往是她不得不饮恨离开人世，让人唏嘘不已。其实，“可怜之人必有可恨之处”，一个女人遇上什么样的男人确实会受到命运因素的影响，但爱上什么样的男人，离开什么的男人及选择什么样的男人则是女人可以主动选择的事。所以，我们在为她们感到惋惜的同时，也会发现一个人之所以会有太多的不满，其背后一定有着自身的很多过错。

同样，一个人遇到什么行业或工作机会，也许有偶然的成分，即便同一所大学的计算机毕业生应聘到同一家公司，也会因为人员安排的问题而会分到不同的项目组，遇到不同的领导及同事，自然机遇也会有所不同。但是，喜欢什么行业或同事，离开与否，则是自己能够决定的事。即使自认为入错了行，也可以在平时的工作中通过关注不同的行业来寻找机会，而不是选择放弃——因为选择放弃关注，将意味着永远没有机会。

每个公司都像一艘行驶在大海中的船舶，而老板则是船的船长。通常来说，老板关注什么，那么该家公司的发展方向就是什么，他决定着公司的发展战略及发展速度。同样的道理，对于职场人而言，我们每个人都有一艘属于自己的船，也许有的人只是一叶扁舟，甚至是简陋的草船，弱小且无力阻抗暴风骤雨。但是，如果只是贪恋港湾的安逸和宁静，不到大海中锻炼和成长，那么这艘船将永远只是一艘小船。

常言说，**舒舒服服过辛苦日子，辛辛苦苦过舒服日子**。年轻人在最惬意的时候，也是最容易放松警惕的时候，但这往往可能是下一次失败的开端。所以，如果我们如果对于自己的职业还有所期望，心中更应该多一分未雨绸缪之心，少一分享受安逸之意。因为，你在关注什么，就决定了你是什么！

年轻的我们，要舍得让自己受苦，千万不能让自己在习以为常中走向平庸！

每个成功的人，都有一段奋斗的时光

很多年轻人在大学里过惯了悠闲的生活方式，从校园到职场的转变过程中，希望工作尽量不要太辛苦或者相对稳定一些。我总是听到很多人会抱怨工作辛苦，一个月只休息4天，经常加班，关键还没加班费。尤其一些在大城市工作的人，基本每天6点多起床，晚上7~8点到家，吃完饭休息一会儿，基本就可以睡觉了；好不容易到了周末，唯一的心愿只是睡个懒觉。

每天工作这么忙碌和辛苦，每当看到别人旅游或者聚会的时候，很多人不禁发出这样的疑问：我这么辛苦，值得吗？为什么别人可以过得很舒服？我要不要也换份轻松的工作？

↘ 咨询者小王，硕士，第一份工作是在深圳做管理咨询，因为岗位的原因，需要长期出差，短则一个月，长的话要2~3个月。小王因为受不了工作带来的辛苦，所以辞掉了那份工作。他也明白在深圳等大城市工作的话，出差或加班不可避免，于是，去老家所在的省会城市寻求发展。他接下来在换工作的过程中给自己设置了很多条件，比如，尽量不加班、不出差，有正常的双休日等。最终，他被一家国企的市场部门录取。入职一段时间以后他才发觉，这份工作太过清闲，每天无所事事，这样下去，自己离成为职业经理人的目标越来越远。想辞职换工作，舍不得目前的安逸，不辞职又不想每天这样混日子，于是在换与不换之间纠结不已。

我不想评价他因为出差而辞职的做法是否正确，毕竟对于工作的期望值人人不同，况且对于当今的年轻人来讲，他们没尝到过父辈们所经历的物质窘迫的滋味，很难发自内心深处地热爱一份工作，而是更加注重工作与生活的平衡。因此，这从根本上决定了他们是注重自我和存在感的一代人。但纵观小王的迷茫，其实关键并不在于他是否忙碌和辛苦，更多应归结于他过于盲目和浮躁。

在此我分享另一个咨询过的案例：小亮2006年毕业时，只是一个普通的中专生，当时因为没有一技之长，像很多人一样，被迫做了销售工作。开始时因为缺乏目标，在岗位上混了几年，进步非常少。当公司因为效益不好准备将他辞退的时候，他已经毕业五年多了，但是身上的储蓄只有几千块钱。后来因为生活所迫，小亮只能继续找销售类的工作。他当时有两个就业选择：一个是底薪800元，并且要常去另外一个城市出差的医药销售代表；另一个是底薪2000元还有提成的快消行业销售工作。他出人意料地选择了前者。

我也非常好奇为什么他会这么选择，他告诉我，他经历了一个晚上的思考才做出了这个决定。他之所以选择那个底薪800元的工作，是因为相比较传统的快消行业；他更看好医药行业，哪怕前期辛苦一些，哪怕需要出差，都是可以接受的。其实他懂得一分付出，一分收获的道理。后来，正是因为他在那个异乡城市无依无靠，减少了正常的休闲和娱乐时间，才使得他将大部分时间全身心地投入到销售工作中。半年后，他通过自己的努力，成功应聘进了一家著名的外企医药公司，后来又通过5年的努力，现在已经是一名年薪30万的营销总监。

当他和我说完这些的时候，自豪之情溢于言表。但他更明白，他的那次工作选择固然像一次赌博，但工作过程才是真正起决定作用的，期间虽然多次有过放弃的想法，但还是很庆幸自己坚持下来了！他说，无论如何，应该感谢那段难熬的日子。虽然目前职位和收入都高了，但还是很怀念那段日子的磨炼；否则，自己现在还可能只是一个普通的销售代表而已！

对于一些胸无大志的人来讲，要求他们加班或者长期出差可能有点强求，毕竟对他们来说，稳定和安逸才排在首位；但对于那些有职业理想、想尽快拿高年薪的有志青年来说，**不应该把轻松和安逸当作就业选择的标准和出发点**。

如果你目前的工作需要长期出差，首先要恭喜你，你已经迈开走向成功的第一步；同时，请不要对别人抱怨自己在异乡的各种辛苦。每个年轻人在走向成熟的过程中，总要经历一段辛苦和沉默的日子。这段日子可能是1年，也可能是3~5年。毕竟，要想不辛苦一辈子，总要辛苦一阵子。

从我的经历来说，出差的工作主要有以下几点好处：首先，在出差的过程中可以磨练自己的毅力。因为人都是有惰性的，往往需要外界的约束，出差由于节奏比较快，可以约束自己的惰性，激发自己的潜能。其次，在一个陌生的地方，能够让一个人更好地将注意力聚焦在工作上。最后，出差的过程中，还可以见识到不同地方的风土人情，与不同性格的人接触，从而开拓相对狭窄的视野和见识。

我想对这些抗拒出差的年轻人说，别总羡慕别人拿着高年薪，开着汽车上下班，对没有背景的职场人来说，刚毕业的几年谁没住过地下室？谁没有连续加班几个通宵？谁没有因为上班地方远，早上5点多就起床？谁没有在炎夏极其口渴的情况下，绕着卖矿泉水的小卖部转三圈，但一掏口袋只剩一块钱时不得不放弃？你们所经历的，很多人都经历过，甚至比你们经历的还要漫长和辛苦，出差这点苦算什么？

况且，很多成功人士所声称的最美好的岁月，其实都是他们最痛苦的日子，只是事后回忆起来的时候感觉那时很充实和幸福罢了。作为过来人，我也会经常怀念刚毕业那几年的激情岁月，那段日子对未来实际上起了奠基作用——说真的，只要不傻不笨，踏踏实实做该做的事，别人有的包括房子、车子、票子、老婆、孩子，你到时都会有，说不定比一般人的还会更好呢！

年轻，就要对自己
狠一点

Chapter 5

第五章

拼的是现在，比的是将来：不狠狠逼自己一把，永远不会知道自己有多优秀

♦ 拥有知识的过程就像爬梯子一样，越往上爬才能站得越高，站得更高，望得才更远。

♦ 毕竟很多事情就像小马过河，有人赞成，有人反对，没有一个标准答案。如果考虑太久了，浪费的是时间，错失的更是机会。

♦ 尽管很多人都不是最优秀的，但只要能始终如一地向着目标前进，不在激烈的竞争中轻易放弃或者被淘汰出局，坚持到最后，就有可能成为胜者。

♦ 人往往贪得无厌，吃着碗里的看着锅里的，获得利益时想到的往往不是自己如何幸运，而是怪自己错失了时机，没有趁机多赚一点。

幸运只光顾持续努力的人

一次偶然的机会，我结识了一位软件公司的总经理。这位总经理仅仅毕业了4年，她的公司目前已经进入快速发展期，从最初的两个人，已经达到目前的五十多人的规模。出于自己的职业习惯，我大致了解了下她的发展经历。

她大学的专业是工商管理，大学毕业之初在一家软件公司做客服人员，后来结识了一名程序员，两个人一拍即合，开了一家软件公司。可能在很多人眼中，毕业一年多的女孩子有勇气开公司，其能力肯定很强。她却说："李老师，其实我只是在创业过程中付出了太多的努力。因为开始什么都不懂，并且没人教我，但为了管理好公司，我还是硬着头皮来学习和摸索。这几年的时间我一直在学习，分别学了MBA、市场营销、人力资源、财务、实用心理学等课程，目前除了技术以外，公司所有的流程我都非常精通了。"

我在感慨和羡慕之余，不得不佩服她的毅力及决心。我问她：你每天这么多事情，还要抽空去参加各种培训课程，会不会觉得很辛苦呢？她笑着说，自己每天虽然很忙碌，但是感觉很自在。开始时觉得学习是一件痛苦的事，现在反而很享受学习的过程，而且学到的知识可以让自己更加自信。因为自己是那种迎难而上的人，无论遇到什么难点，都会在最短的时间内补足知识，所以，**拥有知识的过程就像爬梯子一样，越往上爬才能站得越高，站得更高，望得才更远**。

听了她的经历让我坚信了一个道理：**我们所说的天才其实基本都是有心人，并且有着比较强烈的求知和学习的欲望**。

没有人天生有渊博的知识，大部分人都要根据自己的工作需要和个人发展来主动学习，不要因为自己没有学过和接触过而胆怯，更不要认为自己不是学这个专业的就可以不学。那些老板或者职业经理人都不是毕业于“董事长”或“总经理”专业，成就都是自己一步一步积累的结果。如果我们总是舍得不对自己狠一点，总是希望躲在心灵舒适区里，我们的心灵就很难真正得到舒适。如果我们总是拒绝为成长付出代价，我们会付出更多的不成长的代价。

每个人在职业发展过程中不免遇到知识盲点或者挑战，请不要有很强的抵触心理，不要总想着如何绕着走。**很多事情不是因为难以做到而失去自信，而是因为先失去自信才导致难以做到**。从未来的角度来看，思维狭隘和总想不劳而获的人，只会让自己的职业之路越走越窄。如果感觉自己不适合这种高强度、高激烈的对抗，不适应这种高压力的工作，就应该少一些胡思乱想，安分地过好自己的小日子。

迷茫是一条必经之弯路，很多时候，我们要尝试，要经历，要付出一定的代价，才能拨开迷雾。

平衡好你和老板的关系

老板是谁？有人说是发工资的那个人，有人说是提供工作岗位的人，更有人戏称，所谓老板就是老板着脸的人。

在职场中，老板与员工的关系是微妙的。遇到公私分明、知人善任的老板是员工的福音，因为只要有本事就能够得到老板的赏识。相反，如果遇到一个整天暴跳如雷，动不动就骂人的老板，可谓是为自己的不幸埋下了祸根。尤其是在一些中小公司工作的年轻人来说更是如此，相信很多人都有过被老板骂的经历。

有个女孩在一家小公司做销售助理，刚工作半年多。她说："我再也无法这样生活了！老板处处刁难我们，天天以折磨我们3个女孩子为乐，不许我们准时下班，每天到下班的时候就找我们开会布置工作，每天都要开到晚上11点，弄得我们都很不舒服。加班还可以忍受，最不能忍受的是老板经常在办公室里骂我们笨，现在我们几个人的心理都快崩溃了，我们想投诉他，然后一起辞职！"

听完她的话，我对她说，其实现实生活中这样的老板我遇到过不少，他们自认为高高在上，往往觉得下面的人笨得要死。这是一种比较奇怪的傲慢心态，文化水平不高或业务员出身的老板这类情况会多一些——的确这类人非常难伺候。

人的智商有高有低，能力有大有小，这是大家都认同的，不过由此而骂人就不对。做老板要尊重员工，员工也要为老板负责，从老板的角度来看，现在的年轻人太娇贵，往往责任心太差，工作不努力，得不到认可也难怪。我以前为某位老板打工，他的脸就经常阴晴不定。这时的关键首先是沟通，要知道老板需要什么样的员工，你要做个令他满意的员工。其次你的态度也很重要，态度不正确，方向就会偏离。如果你仅仅不断在权衡个人得失，一旦心中的那把秤不平衡了，就心怀不满。不仅如此，这样的想法会让你走到哪里都感觉不如意。

在一次聚会上，一位开软件公司的朋友提起过这样一件事。他们公司新招了一名年轻的程序员，之所以选择他，主要觉得他基础知识不错，头脑比较灵活，也有过一些小项目的经验。刚开始，朋友考虑到他刚来，对公司和项目不熟悉，并没有给他安排具体的开发工作，而是让他熟悉项目成功案例以及看一些以前的程序，如果有问题可以向同事请教。结果，年轻的程序员每天上班基本是踩着点到，下班后第一个回家，白天倒显得很“忙碌”，但只是忙着上网看八卦新闻、漫画和小说。

看到他的情况，朋友没有急于找他谈，而是让老员工给他安排一个稍微有点难度的应用程序来开发。在听完公司的要求后，年轻人开始说自己没有做过程序开发，不知道怎么做。老员工考虑到他是个新人，耐心解释说：“你没有做过没关系，你可以上网搜下相关的程序，看看别人是怎么做的，然后自己再想想，应该就可以上手了。”年轻人勉强答应下来，但提了两个条件：“一是这个程序我不确定是否能够做出；二是一周的时间有点短，时间可以不可宽裕一些？”经过足足一个月的时间，他最终提交了成果，但是令人很失望，完全看不出像个有经验的人写的程序：没有文档说明书，语法格式不规范，没有注释……

后来，朋友决定亲自找个机会和他谈谈，本意是希望开导开导他，希望他树立一个端正的工作态度。但是从见面那一刻起，他就和朋友抱怨，他来公司几个月了，没学到任何东西，也没有同事带他，自己也不知道该从何学起。然后，公司的各项制度不人性化，上班时间比较早，下班比较晚，加班还没有加班费，根本看不到个人在公司的发展和前途。总之在他眼中，公司的问题仿佛有一大堆。等他说完后，朋友反问了他一句：“难道你就没有问题吗？”年轻人说：“我也有一些问题，但不是很多，如果能提供一个宽松的环境、一个适合的岗位，我一定能够做出很大的成就。”最后的结果是作为老板的朋友决定让他另谋高就，因为这样的员工对于环境和别人要求过高，但对于自己的问题却一再宽容。这好比谈恋爱，既然两个人的目标和想法不一致，继续在一起的话，只能是浪费双方的时间了。

有人说，现在的公司老板对员工很苛刻，其实这确实是个普遍现象。具体来讲，一方面要看老板的成长环境及背景，对于一些素质不高的老板我们也只能尽量远离，所以在去一家公司应聘的时候也该同时调查下老板的成长路程及脾气秉性，毕竟中小公司是否能有发展，很大程度上受老板的决定和影响。

遇到暴躁的老板又该怎么办？硬来肯定是下下策，往往需要智取。我曾经也碰到过暴君式的顶头上司——而且还是个老外，对手下人他特别苛刻，态度粗鲁而且心眼小。别的老板骂归骂，年底不那么小气，员工也就认了；而他不但平时骂，年底还给很低的分数，他的部门加薪水平是全公司最低的。

我发现，这样的老板骂人只是一种习惯，而并非真讨厌你，他就是想不断证明自己的地位；另外，是希望下属做的事情可以更符合他的心思，虽然他的心思不断在变。

当然，奇葩老板毕竟是少数，我所认识的大部分老板还是很随和的。

其实老板也不容易，一方面他要关注的是整体的利益，有时可能牺牲某个人的利益，毕竟老板考虑的是公司大局和整体薪资水平，而不是具体某个人的工资。另一方面，员工要有些集体荣誉感，一个好的员工走到哪里都会得到大多数人的认可，要求严格苛刻不要紧，只要老板的人品没问题，就当是找个严格的教练进行训练吧，还不用交学费，多好！一个人做到老板，总有你要向他学习的地方，学习他的长处，忽视他的短处，总有一天你也会做成老板！

职场围城心理学

钱钟书先生的《围城》是我非常喜欢的一本小说，虽然小的时候看过，但是因为彼时年轻，对于其中一些道理的理解很肤浅，尤其是对描写人们对婚姻的矛盾心理更是无法深刻体会。而一次偶然的重新阅读，让我读出了很多耐人寻味的东西。

现实中的人们都渴望过两个人组成小家之后的新生活，但真的开始了之后，每天更多的却是与柴米油盐、锅碗瓢盆打交道。面对太多平凡琐碎的生活细节，热恋和新婚的激情渐渐褪去，生活归于平淡之后，人们也许就会产生种种困惑和烦恼，以致希望能摆脱目前婚姻的束缚，重新回归自由自在的单身生活或者找个人重新开始。走出去，还是留下来？这个问题就是我们熟知的围城现象。

围城现象不仅反映在人们对婚姻的态度上，在职场中也同样如此，即我们常说的职场围城心理。有这种职场围城心理的人不在少数，他们每天沉浸于苦闷和忧愁之中，把本应该用来学习和积累的时间浪费掉，进而影响了个人的职业发展和晋升。

职场围城心理分为两种类型，分别是“新婚燕尔”型和“七年之痒”型。

“新婚燕尔”型：

对于工作稳定的年轻人来说，工作清闲、压力小，很容易养成懒散的习惯，每天都在虚度光阴。同时，羡慕周围的同龄人在企业中的职位晋升和薪水的上涨，觉得自己的岗位没什么发展，前途渺茫。

而那些待遇不太好，工作压力大的人则向往着做一份安逸、稳定的工作，比如公务员、教师或医生等。因为在一般的企业不稳定，自己总感觉不踏实，但是受背景、学历及专业等因素的影响，一直没有机会进入理想中的单位，自然只能纠结度日。

“七年之痒”型：

职场人度过了职场初级阶段，已经能实现自身的一些积累，包括行业经验及积蓄，但因为一些现实因素，比如生病休息或生孩子等，在经历一段职业停滞期后，有一些时间来发散性地思考下定位。这时，他们很容易厌倦自己以前的工作内容及方式，转而追求一种实现个人兴趣和成就感的工作。

走出去，还是留下来，这是个问题。

↘ 有一个年轻人，长相帅气，家境殷实，成绩优秀，二十多年来顺风顺水：先是考入了国内一所名牌大学，大学里是老师眼中的宠儿。大学毕业后进入一家大型国企，做着体面的工作，拿着令人羡慕的薪水，堪称是同龄人中的佼佼者。但就是这样一个风光无限的人却深陷痛苦的泥潭中无法自拔。

他说，虽然在外人眼中自己一直风光无限，其实内心疲惫不堪。争强好胜的他为了取得更多荣誉，一直很努力。但当拥有了诸多荣誉以后，他却迷茫了。逐渐发觉自己竟然不知道所从事的工作的目的和意义是什么。目前的工作压力不大，领导器重，不出意外的话能有不错的发展，但需要慢慢熬，感觉无法快速实现自身的价值和成就感。

于是他很想辞职，但是遭到家人的反对，自己也无法权衡利弊，不知道要不要做，做什么和如何做。由于这些纠结的想法日趋严重，每天心事重重，常有一种辞职后再说的冲动，已经导致开始消极地对待日常工作，逐渐疏远了同事和领导。

有人会对职场围城心理辩解说：我当初之所以选择这份工作，是因为它在某些方面确实可以让自己感到满意。但经过深入接触后，我觉得目前这份工作确实和自己的理想有着很大的差距，所以，陷入如今的极力挣扎中，不想轻易离开，也不会轻易放弃选择的机会。我只是想趁着还年轻，看看还有什么更好的选择，否则这辈子就没有什么指望了——自己其实是一个情感专一的人，即使对工作也是如此，一旦让自己找到了合适的工作，肯定不会再三心二意，一定会踏踏实实地做好工作。

首先，让我们来看下什么叫“合适”。也许这个词的意思很好解释：你当时之所以选择这份工作就说明了合适，否则你也不会选择的，但实际情况是你现在又反悔了。

其次，合适的标准是什么？每个人在不同时期的评价标准是会有所变化的，因为现实生活是不断变化的；自然，衡量标准也只能随着改变。

比如，20世纪80年代初期，很多人都羡慕万元户，以做万元户作为自己的奋斗目标；到了现在，相信很多人的目标至少是做百万富翁。那个时候看起来稳定的工作，现在也已经基本被淘汰，而那个时候的冷门工作相反成了热门，比如烟草行业、电信行业等。所以没有绝对的合适，只有相对的合适。

有阅历的人会明白一个道理：始终处于安逸环境状态的人，精神上的空虚和失落是必然的，而历经坎坷与艰苦环境磨练的人，不唯生活得丰富与充实，成功概率也必然大于前者。

就像现实生活中没有完美的婚姻，要想长久，夫妻双方必须要学会经营，对于职场人来说，同样需要一种经营的意识。对于陷入“职业围城”的人应该尽快改变自己的工作态度，端正和明确自己的人生态度和价值取向，而非只想改变环境或一味逃避。**因为即使换了环境，如果没有改变自己，产生厌倦心理也是迟早的事**。

对于“新婚燕尔型”的人来说，当生存还有问题的时候，活下去就是硬道理，而随着生活的改善，在逐渐有保障的情况下，人们就会追求生活得有价值、有意义，并且要得到别人的尊重。这其实是大多数人发展的必然历程。

感觉工作环境没压力或工作内容简单，不是工作的问题，而是你野心不够大；否则自己可以去想办法提高工作标准和难度。前方不是没有路可走，而是你视野太狭窄。因为很多时候是自己看待问题的高度还不够，自己看到更多的是工作的表面，没有去想工作内容的本质及各个环节之间的关联，所以做起事来杂乱无章。

不要总是用工作辛苦和发展无望作为转行的借口，这是一种两败

惧伤的想法。一方面，这种消极情绪会让你的工作很难做到足够好；另一方面，你自己每天也很煎熬，很不开心。不妨将工作压力太大或工作辛苦视为对自己的磨砺。毕竟“吃得苦中苦，方为人上人”，想要成功，吃苦是一条必不可少的道路，如果你连一点苦都吃不了，何谈做大事？**为了不苦一辈子，至少要苦一阵子。在辛苦忙碌下的成长速度远比轻松悠闲快很多。**

对于“七年之痒”的职场人来说，相比那些年轻人，更有资本去选择适合自己的理想工作，因为自己已经不像毕业之初那样囊中羞涩、举止青涩、经验生涩；但对于择业，仍旧是挑战和压力并存，因为相对年轻人来说，自己不得不面对可塑性降低、学习能力下降和用人单位挑剔等不利因素。

比如曾经有位从事人事工作的咨询者，她已经工作7年多，工资待遇一般，由于性格原因遇到了职业发展门槛，已经厌倦了打工和每天做重复性的工作，所以想自己做点事。因为平时会买些股票和基金，所以她对理财感兴趣，想通过报考金融专业的在职研究生，然后转型做理财顾问——她就在考虑问题的时候，犯了“高估自己、低估现实”的毛病。

因为，现实的困难远远比她想象中要多得多。她并不知道，理财顾问这种职业目前在中国发展还很一般，虽然人们都想理财，但对于这个岗位却不是很信任。因为目前理财顾问的主要目的是完成业绩，而不是为了帮助客户更好地理财。同时，一个真正专业的理财顾问需要掌握多方面的金融知识，包括保险、财务、经济各个方面，要求综合能力比较强，而目前能达到这种程度的理财顾问可谓凤毛麟角。

可见，在职业的选择过程中不能完全脱离实际，不宜让新岗位完全脱离自己以前的行业背景，否则你多年积累的大部分经验和人脉就会付诸东流。

很多人之所以困惑的深层原因其实就是想在职业和生活方面找到平衡。这好比一个跷跷板，当你在跷跷板一端的时候，看到的最高点是另一端。所以，你会不自觉地羡慕那个位置，然后去追求你想象的那个最高点。但是，当你到达那一端的时候，你会发现，自己依旧处在相对较低的位置，而原来待的位置反而成了最高点。

试问，一旦你放弃了现在的工作，再从一个完全陌生的工作开始，它真得会比现在好吗？你是否有足够的信心去适应它？换了工作以后是否真就高枕无忧了？现实中，前后两个工作环境的强烈反差很可能会让人产生新的郁闷和苦恼。

我曾经遇到不少当初考上公务员的咨询者，觉得工作简单无聊，在没有明确目标的情况下断然辞职。进入企业后，几年下来发觉自己也是处于发展的边缘，而回头看当年不如自己的同事已经升为领导，社会地位高，工资待遇好，工作稳定，于是开始后悔当初太年轻，不应该为一时冲动而辞职。

对于那些无背景，只有背影的职场人来说，无须用所谓的公务员、事业单位、银行或医院等岗位来给自己画饼充饥。因为这些岗位就像买彩票，可以去尝试，但是不要抱太大希望。即使你进入了，如果没有背景和较强的人际关系处理能力，可能只是在科员岗位工作数十年，职场晋升遥遥无期，正是“干着最累的活，受着最多的气”，倒不如在企业里面自在。

对于那些工作悠闲稳定的人来说，如果自认为不是个贪图享受的人，想成就一番事业，自己也确实有这个实力或潜力，可以尝试走出来。毕竟很多事情就像小马过河，有人赞成，有人反对，没有一个标准答案。如果考虑太久了，浪费的是时间，错失的更是机会。前面可能是荆棘满布，但至少比朦朦胧胧一团雾更让人期待。只有你走出来了，才能看到这个社会到底是什么样子，职场需要什么样的人才；明确了自己的差距，才能知道补什么方面和往哪个方向努力，最终才会有更大的收获。

再好的公司里也有不快乐的员工，再烂的公司也有快乐的时光。所以，不管是坚定地走出去，还是好好地留下来，都请积极迎接和面对你的生活，因为积极的心态是最重要的。

做好本职工作也是一种创业

创业，相信很多人看到这个字眼会眼前一亮，因为这是很多人梦寐以求的事情。并且市面上也充斥着各种通过自主创业得到个人成功的故事，让很多人心痒不已。似乎没有创业想法的人就代表没有追求。我在咨询的过程中经常遇到有创业想法的人，他们当中既有在校大学生，也有工作多年的职场人士，他们虽然有不同的背景，但是心中都有创业的打算。

在有创业想法的人中，有些人的动机不是自己手中有资金、项目和资源，而是在工作中遇到了一些困难，或者以一种逃避的心理作为出发点，然后就产生出“年纪大了，不想打工了，不如创业自己当老板”、“打工也没什么前途”、“不创业，40岁以后还能做什么”等想法。这些人是不喜欢或不胜任自己的工作，认为其单调而枯燥，自己毫无出头之日，于是，想通过创业来改变命运和实现个人价值。比如，有位咨询者曾经对我说，自己在单位负责简单的接待应酬工作，自己非常不喜欢这种工作，认为很难发挥出自己的价值，所以很想跳出去创业，却一直苦于找不到好机会和好项目，一旦找到，就会奋不顾身地跳出去。

也有人认为自己性格内向，不善于处理人际关系，但在公司里不免要与人打交道，看领导和老板的脸色，言语上难免会发生一些摩擦或口角，工作氛围压抑，总感觉这样的日子没有尽头。同时，认为在企业里工作很累，因为老板都是“资本家”，其本质就是要压榨员工，与其这样虚度光阴，还不如去自己去做些事业；如果自己做老板就可以不再看别人的脸色，还可以自由支配工作和时间，可谓一举多得。

更多的人创业的直接目的是为了积累财富，因为如今的高房价、高消费使得很多人身上的经济枷锁日益沉重。而日复一日的打工生活换来微薄的工资始终是有限的，而如果自己创业的话，可以积累财富，实现经济上的自由。所以，很多人便萌生了创业的想法，认为只要有合适的机会和一定的资本支持，自己就会奋不顾身地投入其中。

还有的人是因为发现周围的人通过创业成功了，所以自己按捺不住“羡慕、嫉妒、恨”的复杂情绪，开始时不时琢磨也要创业。他们一方面不知道自己创业的优势是什么，另一方面也不知道自己该从何做起，心里很矛盾，既有创业单干的激情，同时又担心失败后陷入悲惨的境地。

创业本身是一件值得推崇的事情，毕竟可以通过自己的辛苦努力实现经济和生活的自由，现实生活中也确实有不少人实现了这个目的，过着令人羡慕的生活。但创业也并非那么容易，要考虑天时、地利与人和等多种因素，不是每个人都有合适的项目，都有足够的资金，都有相应的能力及机遇。否则岂不是每个人早都创业成功了？

纵观以上四种创业的动机，表面上来看他们是想通过创业来实现自己的最大价值。但是，不是每个对于目前的工作不满意或者遭遇发展瓶颈的人都能跳出去另起炉灶，毕竟“两利相权取其重，两害相权取其轻”，应以最小的代价获得最大的利益。

不要“只看到贼吃肉，没看到贼挨打”。**我们要考虑到创业的风险，还要具体看创业的瓶颈是什么，以及是否能够最大限度地度过瓶颈期。**

↘ 我有个朋友在批发市场开了个店，两口子几年辛辛苦苦下来也攒了一些钱，本以为他应该觉得知足，但是他却和我诉苦说，早想把这个店关掉了；因为这几年过得非常辛苦，为了能够将店维持下去，他们每天起早贪黑，没有周末和节假日，没有休闲时间，虽然看起来开店比打工收入高了一些，但是挣的都是辛苦钱，每天还要费心费力。他们准备坚持一段时间就把店关掉，然后去找家公司上班。可见，创业虽好，但不是每个人都能够坚持下来。

而且，如果创业的想法存在太久，还会给自己带来很多不利影响。一方面，很多人一旦把创业作为另一个出路，注意力势必会分散，很难尽全力完成自己的本职工作。另一方面，因为有工作，不能全心全意地研究及实施创业，导致很多人虽然思考了很长时间，最后还是决定等等再看，一天过了又一天，一年过了又一年，岁月流逝，光阴不再，个人还沉浸在困惑中难以自拔。

很多人说自己如今的工作如何辛苦，其实创业要比工作还要辛苦数倍，尤其是创业初期，在受到资金及客户资源方面的制约，往往一个人要身兼数职，不仅在体力上是很大的挑战，同时，对脑力上的思考和决策也是巨大的挑战，不仅要不断处理外部和内部的各种问题，还要承受着没有假期、孤独等折磨。创业不是所有人逃避工作的避风港，只是另一种工作而已。很多人觉得自己创业是不想受老板的气或者挨骂，其实这是一种典型的认识误区。在公司里无论如何，看的只是老板的脸色，但是一旦自己创业，将面对更多人的脸色。这些脸色主要分为内忧和外患两种类型。内忧主要是指自己作为老板要面临如何处理员工的问题，现在很多年轻的员工不仅工作不用心，还眼高手低，还时不时以辞职来威胁。外患包括要与工商、税务、卫生等部门打交道。

很多人说自己不喜欢在工作中的应酬和交际，其实这对于创业者来说是必不可少的内容，甚至还有过之而无不及。因为一家企业想要生存就需要有客户，客户乃衣食父母，不得不维护好关系，而身为老板的话肯定要冲到应酬的最前线。

所以，对于那些不满现状、缺乏独立思考能力及胆识，却又想朝九晚五，按时上下班且有正常周末的人来说，创业是不适合自己的。况且，如果连目前这些简单的工作都做不好，或是做不出特色，又如何能够在创业大军中异军突起？

很多人说自己不是没有想法，并不是没有吃苦的精神，并不是不想成就一番事业，而是苦于自己没有背景和资金支持。这些话看上去很有道理，其实仔细想想，这些都只是平庸者给自己找的借口而已。

你说缺资金，如果我现在给你一千万，你知道这些钱该投到哪里吗？你有一个赚钱的模式吗？你能在半年内实现翻倍吗？所以那些抱怨缺资金和无背景的人请想想，自己是不是在思路和行动上做得太少了，而给自己找的借口太多了。**想做总有理由，不想做总有借口**。如果你有一个成熟的盈利模式，找到投资人不是很难的，因为社会上有大批的投资人在找好的项目。

所以，还是要尽量换个角度来看待自己工作的瓶颈，如果确实无法突破，那么就要看自己是否有做生意的头脑和能力，而不能用没项目、没资源种种理由来作为没有行动的借口。

创业是什么？它是一项系统工程，当老板得考虑到人、财、物、进、销、存、竞争、市场细分、定位、管理体系、财务控制、退出机制、预算等一系列的事情。在创业初期，也许连在选址上的一个错误，就可让你注定成为一个失败的老板，亏损上几百万。我并非有意强调创业的难度，我只是想告诉创业的朋友，创业是有风险的，是需要你理性面对的，是需要有团队帮助你的。

虽然很多人也都知道创业有风险，但是具体有多大的风险却没有明确的概念，以致"明知山有虎，偏向虎山行"。据不完全统计，在国内一次性创业的失败率高达90%以上。我接触过不少因为创业失败而不得不重新就业的咨询者，当初他们都是怀有巨大的抱负踏上了创业这条路，但是经历过风风雨雨以后还是败下阵来，不得不重新回到企业工作。

不是每一个人都有机会去当老板，也不是每一个人都有能力去当老板，尽管我们都想自己创业当老板。我们要清楚的是：自己适合当老板吗？自己有机会当老板吗？自己是不是有当老板的能力？搞清楚这些问题，对自己的职业定位非常重要。很多朋友（包含真正的朋友、竞争对手和生意中的合作伙伴）都问过我同样的一个问题：你为什么不自己开一家公司当老板呢？坦率地讲，不是不想，也不是没有能力，更不是没有机会，但我自知是一个不适合当老板的人，天生就是一个参谋的角色，没有办法，因此只好认命了。

既然认命了，就要做好打工者要做好的事情。在现在的工作中，我只考虑和做一件事情：尽我所能让企业发展，不要让它在竞争中倒下。

创业不是每个人的救命稻草，现在去想“40岁以后还能做什么”，不如去想“你现在在为40岁之后做什么”！

成为剩者就是一种了不起的成功

很多职业迷茫的年轻人在回顾或反思自己职业生涯的时候，不多从自己身上找原因，更多强调外部环境的重要性。其中一种典型的心态是："今天之所以没有什么成就，很大程度上是因为当初走错了几步路。"尤其是在看到原来单位的同事如今都已经小有成就时，心里更加感慨，后悔当初不应该贸然辞职，如果再多坚持一下，也许现在是完全不同的局面……

↘ 有个年轻人就产生过类似的困惑，他毕业后的第一份工作是和同学在同一家公司销售清洁用品，他没有做多长时间就离职了。但是那个同学坚持了下来，现在已经是公司的销售经理，而他却在待业中。他感慨道，要是自己当初留下来，不知道现在是怎样的一个结果。毕竟当初两个人都在同一个原点，甚至在某些方面他比同学更有优势，而如今两人已是天差地别。

他说，这个事情说明了什么问题？说明职业发展也是剩者为王。就像熊猫，因为仅剩下千八百只，所以国家把熊猫定为一级保护动物。因为他们是剩下的少有动物，“物以稀为贵”，所以他们就可称王。

听完他的描述，我笑着对他说，纵观大多数人的职业发展历程，决定职业发展关键因素不是“剩者为王”，而是“生者为王”。不管你当初为什么离开了公司，也许是觉得待遇低，看不到发展前景，抑或是人际关系不好，最终的结果是你离开了，换个角度说，可以理解为你被这家公司“淘汰”了。

也许，你觉得那个同学算是剩者，但是，“剩者”不会无缘无故出现，就像达尔文所说的“物竞天择，适者生存”，恐龙因为不适应环境，所以退出了生命的舞台。既然你的同学能够在后续的时间里不被“淘汰”，足以说明他已经适应了工作环境，并且更有耐心，才会生存下来，并最终壮大。所以，**在一定程度上来讲，剩者就是一种了不起的成功**。但是，这并不代表所有的剩者都成了王，还有大批的“剩者为寇”的例子，只是因为他们太普通和平凡，所以没有引起别人的关注。

反观这个年轻人几年的工作经历，平均半年跳一次槽，跳槽的次数比毕业的年限都多，虽然做过很多职业，却没有一样精通。虽然嘴上说想做与人沟通的工作，但是表达和沟通能力是其明显的短板，心中积攒的抱怨和牢骚越来越多，“高不成低不就”已经成了找不到好工作的一个写照。试问，这样的表现即使在某个单位成为了“剩者”，能够“成王”吗？凭什么“成王”？我想，即使剩下，最大的作用也只是成为反面教材。

我又问他：你知道那个同学每天工作多长时间吗？每天在做些什么吗？知道他的压力和挑战吗？如果这些统统都不知道，你前面所说的“当初我们起点一样，甚至我比他还强”的想法不过是自我安慰而已。因为你对于别人的了解不够全面和深刻，并且还停留在几年前，忽视了几年中别人的努力和坚持，你不过是把“剩者为王”作为了一个妒忌别人的借口。毋庸置疑，别人之所以有今天的成就，绝对不是偶然，必然有着自身的过人之处，只是你尚未了解或者意识到。

因为每个人的能力不同、性格不同、机遇不同，所以很难用一句话说清楚要不要剩和如何剩的问题，而问题关键在于，每个人都应该结合当前的工作现状对自己有个全面的分析。

首先，需要确定目前个人职业发展的层次，毕竟不同阶段的人诉求有不同，考虑出发点也不同。比如，有的人缺乏技能和经验，有的人则是缺乏施展工作能力的平台和机会。对于前者，先不要考虑成王，而是先要成为一个剩者，从而静下心来打好工作的基础。就像本文提到的那位年轻人，没有一技之长还想称王，无疑是痴人说梦。对于后者，已经具备职业发展的基础，只是欠缺工作机会，应该在现有的工作机会中主动争取和择优选择，判断哪个更利于自己的长远发展，而不一定用“剩者为王”来制约自己。

其次，需要明确目前的问题具体是什么原因导致的，是否有让自己无法接受的原则性问题，如果存在，就应提早考虑。就像从事普通岗位的人，每天工作12个小时，还要值夜班，这样的工作如果确实不想做，或者身体无法承受，就不要成为“剩者”，而应该早点辞职或者找出路。毕竟这些问题不仅不会逐渐消失，反而会随着时间的推移而愈发突出和严重，到时找工作的顾虑和压力反而越大。即使自己能剩下来，由于心里对工作存有很大的芥蒂，因此也很难专注和有太大的发展。长痛不如短痛，不如早作打算。

最后，有些人在职业上经历过一些不顺，外加看到当初留下来的同事混得都不错，而目前也没有别的选择，于是纠结要不要回原来的单位当“剩者”——这种情况下剩者成王的几率已经变小，难度已经增大，必须要想下当初让自己离开这家单位的原因是什么，这次回去是否可以克服和接受。同时，在心理上是否可以接受原单位同事和领导对于“二进宫”异样的眼光，甚至，当时的同事可能成为自己的直接领导，自问自尊心是否可以承受。如果不到逼不得已或者机遇特别好，这样的剩者还是不要当为好。

尽管很多人都不是最优秀的，但只要能始终如一地向着目标前进，不在激烈的竞争中轻易放弃或者被淘汰出局，坚持到最后，就有可能成为胜者。而这个时候已经没有人在乎你是不是剩者，因为你已经到达了“生者为王”的境界，不管外界环境如何改变，都可以顺应环境，把握机遇，这样的人不管在哪里都是王者，都会受到尊敬，被人称誉。

既然选择了远方，便只能风雨兼程

昨天有位炒股失意的朋友向我发牢骚，为什么自己每次卖了一支股票，那支股票就开始不停地涨？为什么每买了一支新股票，该股却又不停地下跌，难道是自己眼光不行？决策能力不强？抑或是运气不好？如果自己有个“月光宝盒”该多好！在每次出现决策失误的时候，可以将错误的决策推翻，让正确的决策永远都得以执行，那样自己就可以在股市呼风唤雨了！我知道这是他的一句玩笑话，更是他在股市失意后的一种自我安慰。相信如果真的有“月光宝盒”的话，相信很多人都会趋之若鹜，但可惜的是，“月光宝盒”并不存在世间，这只是犯了错以后的一种精神自嘲罢了。

别再为错过了什么而懊悔。你错过的人和事，别人才有机会遇见；别人错过了，你才有机会拥有。人人都会错过，人人都曾经经过，真正属于你的，永远不会错过。

莫说股市风云变幻，职场更是让人难以捉摸，深处其中的人们都难免会有感到困惑和迷茫的时候，出现困惑或迷茫并不可怕，可怕的是很多人在面对困惑和迷茫时的处理态度不恰当及心态不端正。职场困惑者概括起来主要分为两种类型：

无限感慨型：

他们一般工作时间比较长，年近或已过而立之年，但一直徘徊于基层岗位，拿着和自己年龄并不“般配”的工资。在讲述自己职业经历的过程中，感慨颇多，贯穿始终的是“后悔”、“无知”、“天真”或“如果”等字眼，比如后悔大学几年虚度的宝贵时光；不该在毕业时贪图眼前的利益，盲目选择待遇高的工作，放弃了自己喜欢并且更有发展前景的工作；因为自己在工作中不够坚持，人际关系也无法处理好，无法将“鸡肋”工作变为“鸡腿”工作；自己心里知道想要什么，但是对于自己喜欢的工作一方面没有毅力去钻研，另一方面又不知道“背水一战”的结果如何……所以他们时常在想，世上如果真有“月光宝盒”该多好，自己就不会这样虚度时光了，肯定会将无限精力投入到无限工作中去了，只可惜……唉！

推卸责任型：

一些人在看完我的文章后，会给我在QQ上留言或发邮件说：李老师，您写的文章非常贴切和实用，对我很有启发，引发起了自己对于职业的思考，只可惜看到的时间晚了一点。如果在毕业前后看到这些文章，自己肯定就不会入错了行，更会少走很多弯路。但时过境迁，很多机会一旦错过就不会再来了，况且自己要考虑婚姻大事或已有了妻子儿女，现实已经不允许自己再折腾了，自己也只能安于现状。多么希望自己有一个“月光宝盒”，那样自己就可以回到职业原点，有重新选择的机会，说不定在数年以后能取得很大的成就……

这两种的想法听上去似乎很有道理，毕竟“一失足成千古恨，再回头已百年身”。机遇的重要性是毋庸置疑的，每个人都不免为自己曾经的错误感到后悔。但是仔细分析这些错误背后的故事就会发现，这两种言论的言外之意是值得推敲的。他们把自己没有取得成就的原因归咎于过去的那个年轻不懂事的自己，如果不是年轻，如果不是阅历少，也就不会走了很多弯路，更不会错过了很多机会。按照这样的推论成立的话，他们就不会对于过去的行为及心理有太多的愧疚，可以心安理得地重复着自己的老路。在此我想问他们一句，同样都是从年轻走过来的人，为什么你的很多同龄人都比你强呢？为什么别人可以通过创业实现自己的价值和财富的积累，而你只能重复做着底层岗位呢？也许有人会说，别人的起点高或别人足够幸运。但绝大部分年轻人的起点都是差不多的，**而运气这种东西更是只会光临有准备的人**，他们该想一想这一切到底是为什么？这两种类型的职场人之所以想拥有“月光宝盒”，根源在于他们职业价值观的扭曲，对职场缺乏认识和执行能力差。在上大学的时候，如果每天都乖乖蜷缩在象牙塔中，没有关注职场信息的意识，便会导致毕业前夕对职业缺乏了解，连职业类型都不知道有多少，更何谈找到适合的？最后恐怕只会被动地找一份工作。毕业初期是职业价值观形成的关键时期，他们选择了所谓的高薪和稳定。工作几年以后是职业晋升的黄金时期，却以薪资待遇作为衡量工作好坏的标杆，不断地跳来跳去。这种带有明显的“发育不良”的职业价值观势必会导致他们在发展到一定程度的时候遇到发展的瓶颈。

处在事业瓶颈期的他们面临的问题包括：一方面，职位发展的空间逐渐缩小，核心优势逐渐降低，而年龄和经济负担在不断加大。另一方面，他们不知道自己在工作中除了钱以外还得到了什么，所以他们时常会怀疑自己的发展方向是否正确，自己是否还有更好的选择，尤其是在遭遇一些挫折或者看到周围的人越来越好的时候，这种感觉会更加强烈。当看到一些能够刺激到麻木神经的文章或道理的时候，都会让他们精神为之一振，但这种感觉只是一剂兴奋剂，持续的时间不会太长，可能一分钟、一个小时、一天或一个月，最终还是恢复到常态中去，甚至还会产生一定的副作用，使他们陷入更加迷茫的状态。这些都是因为他们内心深处的职业价值观根基不牢造成的。在他们感觉到没有希望的时候，只能发挥自己丰富的想象力，憧憬下自己当年如果是那样选择的话，将是一番何种景象！说不定至少也是个高管或者上市公司的老板了，住着豪宅，开着奔驰、宝马，指点江山，挥斥方遒……

退一万步说，对于那些想拥有月光宝盒的人来说，即使他们拥有了超能力，回到了那个让自己曾选择失误的职业起点，但接下来的路该怎么走呢？毕竟人生就是一个不断选择的过程，相信之后的某些选择还是会让自己后悔，难道一直使用“月光宝盒”吗？如果人生的每一步都被“月光宝盒”设计好了，体会不到人生的精彩和多样性，那个时候他们恐怕将陷入一种空虚的迷茫状态中，人生的意义和价值也将大大贬值。

每个人都想成功，并且每个人的身边总少不了让自己羡慕或嫉妒的成功人士。但我想说的是，如果自己不想办法，即使羡慕成了“红眼病”，那也是于事无补的。因为任何成功人士的案例都是受必然性和偶然性综合影响的，即使你抓住了必然，模仿了别人，但偶然却是可遇而不可求的。就像别人在为创业做准备的时候，你不一定想创业；等你想创业的时候，发觉自己能力还存在着很大的不足；等你具备了能力以后，又可能缺少启动资金；等你有资金了，又可能没有合适的项目；等你找到合适的项目了，发觉自己已经没有当初充沛的精力了，感觉自己在职场白白走了一遭，因为现实中总有让自己不满意的地方。

我们常说，世间没有哪一条路是绝对完美的，正像生活中没有十全十美的人一样。每个人（包括名人或伟人）在职业发展过程中都会出现这样或那样的错误。这是很正常的现象，我们应该客观看待自己曾经犯过的错误，毕竟即使你当初选择对了，谁也不能保证你之后的每一次选择都是正确的。因此，我们无需对已经发生或者错过的事情久久不能释怀，毕竟已发生的已经无法挽回了。我们要学会包容职业中的困惑或迷茫，毕竟这也是一条成长的必经之路。同时，我们应该学会顺势而为，明确自己欠缺的地方，然后加以改进，不要让自己的职业能力出现明显的短板，而最重要的是利用好已经积累的经验，并加以强化，把这些优势糅合在一起形成体系，从而转化成为自己的核心竞争力。

很多职业规划的文章中时常会引用一些有代表性客户的成功案例，很多人看后可能会觉得那条道路不适用于自己。的确，每个人的经历不同，形成困惑的原因也不同，但这些案例虽然不会直接适用于你。但是你不要看看就算了，要多看几遍，相信每次都会有不同的收获，最为关键的是要掌握这些案例中学习和思考的方法，由“心动”

变为“行动”，那样你才能快速地成长。同时，要养成总结的经验，一定要明确这件事为什么会犯错，根源在哪里，只有这样才能避免重蹈覆辙。只要我们能够坚持，好结果总是会来的。

我想，我们应该庆幸，幸好世上真的没有“月光宝盒”，时光才不会倒流，人们才能学会慎重地选择，走好每一步，而不是一蹴而就或见异思迁。同时，正是因为没有“月光宝盒”，让我们每个人学会了珍惜：珍惜时间，珍惜每份工作，珍惜身边每个人。因为只有懂得珍惜现在的人，才能拥有更加美好的未来。

有所为有所不为，才能大有作为

当下年轻人最为困惑的一个问题是看着招聘网站上琳琅满目的岗位却不知道该做什么工作，好像哪个都可以做，但又觉得都不想做。比如，一方面羡慕着销售等岗位的高待遇，但是承受不住压力和各种应酬；另一方面羡慕着会计、建筑等岗位的专业性，但又苦于没有专业基础。所以，他们会花费很多时间来纠结到底选择哪个岗位。这个人群不仅包括刚毕业的大学生，还有很多有了一定工作经验的职场人。

↘ 在一次咨询中，我遇到了一名有类似困惑的咨询者。化工专业的他已经工作了三年时间，分别做过销售、市场助理等职位，但觉得这些岗位都有不适合自己的地方，所以，下一步正在想该做什么职位的问题。

我问他，选择工作有什么标准和方向吗？他说："没有，"随后马上补充道，"只要有人肯给我机会，什么都可以做，并且也会通过努力做得很好——这点我非常自信。"

我明白他现在的回答是典型的"纸老虎"，于是继续问他：

“假设，你准备参加一场演出活动，包括导演、演员、剧务、摄像等岗位，你最想选择哪个岗位？”他回答：“想做导演，因为我善于对事情进行总体的安排和实施进度的把控。”

我又问他：“假设已经有了人做导演，在剩余的岗位中你会选择哪个？”他想了下，然后说随便哪个都可以。我继续说：“请试着增加每个分工的专业门槛、难度及时长，比如，演员必须是表演科班出身，摄像必须经过专业培训和持证上岗，剧务最好是有过三年相关工作经验，你会选择哪个？”他此时才明白了我问题的用意，惭愧地说这些问题自己确实没有深入考虑过，是自己把问题想的太简单了。

没错，很多人之所以纠结到底该做哪个工作，根源在于他们把自己看成了一个万能的人，认为没有自己做不了的岗位。并且他们的潜意识中有一个前提，要公司肯为自己提供机会和学习时间，却没有仔细考虑自己的这些想法到底在现实中是否行得通。

首先，一个人从出生到大学毕业，受到家庭环境、教育背景、亲朋好友等多因素的影响，职业的选择性逐渐在变少，并且随着时间的推移，现实压力的增加，个人可塑性降低，这些都决定了很多人已经失去了从事一些岗位的机会。而这些因素恰恰成为他们职业发展的绊脚石，只是很多人没有发觉而已。对于一些专业性比较强的岗位来讲，如果没有经过几年专业而系统的学习，将很难胜任，很多公司即使从考虑成本的角度出发，也不会给非专业人士机会。即使一只脚踏进某个行业，能够做的只不过是一些皮毛，而不是自己想象中的专业岗位。

比如，对于一些学历不高的人来讲，如果没有硕士或博士以上的学历，基本很难有机会去正规大学当老师。对于一些非重点大学金融类研究生来讲，即使想做金融类岗位，基本也只能从客户经理开始做起，和普通的销售没有太大区别。这样的职业转型意义不大，甚至还不如之前的岗位发展好。

其次，一般认为自己什么都可以做的人，往往都不了解自己的优势和特点，可以称之为没有职业“根基”的人。他们就像墙头草一样，想法随着时间而随时变动，今天想做这个职业，明天又想做另外一个。但是，他们始终无法下定决心，因为他们的内心并不是足够确信自己的决定是否正确，更多的时候是处于“只要我想做，别人给我机会，我都能做好，但是能不能做得开心就不一定了”的自我安慰之中。并且，他们不明白一个职业发展空间的大小，不仅仅取决于想做和可以做，还要取决于能否坚持做下去，以及能够做到什么程度。

经常有年轻人问我：“李老师，您觉得哪个行业的发展前景好、工作环境好、工资待遇好？”对于这类问题，我一般会开玩笑地说：“我觉得厨师行业挺符合你的标准！”很多人会好奇地问：“不会吧？”我解释道：“你有没有发现很多在五星级酒店工作的厨师收入很高吗？可以拿高年薪，工作环境也不错。难道这不符合你所说的发展前景好，工作环境好和待遇好的“三好”问题吗？”这是玩笑话，其实我想通过厨师的岗位来表达一个观点，虽然都是做厨师，但是，有的人在五星级酒店拿高年薪，有的人在路边设摊赚着微薄的收入，发展可谓天上地下。而决定他们发展的不是岗位的区别，而是人的区别，是自己想给谁做菜的区别。别总想寻找做什么都好的“三好”岗位，而是要反问下凭什么馅饼会掉到自己头上？自己为接住这个馅饼准备了多少？

最后，一般来说，这样纠结的人，不管选择哪个岗位都会后悔。因为他们在进行职业定位的时候考虑更多的自己是不是喜欢，能不能做好。但他们的这种想法普遍带有一厢情愿的理想主义色彩，**不想改变自己，却想着如何改变环境，最终的结果只能是被环境所淘汰**。就像有的年轻人当初做销售，只是看到了销售的高待遇及成长速度，但是没有看到一些负面的东西。所以当这些负面的东西向他袭来的时候，就会发现和自己当初想的不一样，于是就开始退缩，后悔当初没有选择别的岗位。

人往往贪得无厌，吃着碗里的看着锅里的，获得利益时想到的往往不是自己如何幸运，而是怪自己错失了时机，没有趁机多赚一点。对于这样的年轻人，我的劝告是不要总拿“假如”、“如果”、“早知道”之类的词语来安慰自己。因为对于有些人来讲，不管选择哪个职业方向，不管到哪里，都有一个纠结的人生。

所以，我们只能接受和承认自己不是万能的人，社会上的职业不是想做就能做的，这个时候才能静下心来，聚焦自己的注意力，才能够学到更多，成长更快。毕竟，理智的人在职业生涯初期做加法，因为此时可选性相对多。但是，越到后面越会做减法，知道自己有所为有所不为，才能大有作为。

年轻，就要对自己
狠一点

Chapter 6
第六章

好的人生离不开好的规划：不停下脚步，最终都能抵达终点

- 完美是很多完美主义者的墓志铭。
- 既然回不去了，那么最好勇敢地往前走下去。
- 人在四十岁前，应强迫自己做应该做的事，四十后才有资本做自己真正喜欢做的事。
- 世界上成功的人有多少？真正能完成自己计划的人只有5%，大多数人不是舍弃了自己的目标，就是沦为缺乏行动的空想。
- 生命本身就是一个修炼的过程，只看你是否把每一份工作都当作经验的源泉。

只有愿意尝试，才有机会成长

对于职场人士来说，不管你从事的是辅助性的岗位，抑或是技术研发或市场工作，都应该具备一定的“销售”意识。因为从职业发展的角度来说，不管你开始从事什么样的岗位，相信没有任何人想在这个岗位上工作一辈子。也就是说，所有人都想晋升或发展，而事实上，自己从事着的岗位的工作内容往往是忙碌或琐碎的。**所以，很多人的职业过程中势必经历如下四个发展阶段：谨小慎微、逐渐适应、趋于平淡和寻求发展**。大多数人通常在前三个阶段就停下来了，而一旦把跳槽提上日程的时候，才发觉自己的竞争力及发展空间是如此的小！因此对于一个有事业感的人，他绝对不会狭隘地看待自己的工作，他对自己的工作会有一种深层次的理解和认识。

在市场经济下，我们应该把自己也看成一件“商品”，这件商品由我们个人负责研发、生产、销售及售后。关于“销售”工作，个人建议可以从以下五个方面进行：

一、要让自己充满自信和热情：时刻提醒自己是一名销售人员，要通过自己的聪明才智来“销售”自己，如果你对于自己所销售的

“商品”都没有自信和热情，又如何让上司及公司来信任、认可并最终提拔你？如果你给自己的定位是普通员工，所做的工作很普通，那么你永远不会成为优秀员工，永远不会做出成绩。因此，不管所从事的这个岗位在公司多么不起眼，不管这是不是效益的直接产生岗位，都要坚信岗位会因为自己的到来而变得不同。因为自己的努力会让它变得大放异彩，并且也要尽可能将这份自信和热情落实到每天的工作之中——而不能像很多销售人员一样，三分钟热度一过或受点委屈就放弃了。

二、要突出自己“产品”的核心竞争力：一个好的销售人员若想增加成交几率，在销售过程中一定要突出所销售产品的优势，比如产品外观优势、性能优势、价格优势和售后服务优势等，通过突出产品的核心竞争力来吸引客户的眼球，从而顺利实现成交。而对于职场人士来说，如果想有一份不错的工作和事业，每个人都应该找到自己的突出优势，然后根据优势来进行职业定位，从而实现不断的职场价值的提升。然而，在实际生活中有太多的人不知道自己的核心竞争力是什么，更多的人只是强调自己做事比较认真，对人很真诚和有爱心等特点。其实这些都不能算成核心竞争力，充其量只能算是个人特点，因为它不是独一无二或比大多数人强大的。打个比方来说，你向客户销售一台电视机，你如果和客户说这台电视机可以看到图像和听到声音，并且还是彩色的，那么根本无法突出你所销售的电视的核心优势所在。这样，客户对你的产品就不会感兴趣，因为它太普通了！而如果你和客户说你的电视是超薄或等离子的，那么客户肯定会眼前一亮。因为他觉得这是一台非常有技术含量的电视，在经济条件的允许下肯定会优先选择购买你的电视机。

三、向不同人群“销售”自己：我们都知道，销售人员在销售过程中会接触不同的行业和人群，但是他们都能将其产品与潜在客户找到契合点，从而形成有效的营销。对于我们职场人士来说，也需要你在平时的工作中有意识、有计划和有针对性地“销售”自己，让别人意识到自己的亮点和成绩。比如多向领导汇报和请示，让领导感受到你的上进和努力；与同事相处更应主动承担一些任务，但有个原则是**学会帮同事做他不能做的事情，而不是他不愿意做的事情**；与客户或竞争对手相处时也应该体现出自己的价值所在，因为在商场上没有永远的敌人，也许哪天你们就成为同事或上下级；学会体恤别人，尤其是一些级别不如自己的人，比如保安或保洁。如果公司的保安或保洁都能主动向别人夸你，说明你“销售”自己已经很成功了。

四、站在更高的层面看问题：从销售本质来看，销售的不仅仅是产品本身，还有你的真知灼见，如果你能够比客户看得更高和更远，客户会很信赖你，并将持续成为你的客户。如果你所说的都是一些陈词滥调，那么客户会反感你，因为你在浪费他的时间。我经常和客户谈起的一句话就是“不管你从事什么岗位，你要做好它，但你的眼光和视野不要仅仅局限于它”。由于工作关系，我接触了不少大型企业，同时也接触过他们的财务核算、内部管理、成本控制等工作内容，通过详细了解和观察得知，要想让自己提升，必须站在一个高度看问题。比如做财务，你必须站在公司管理层的高度来设定公司的内部控制、管理、组织核算，而今后的大公司多向集团化发展。所以内部控制好不好，不仅关系公司的发展及前途，同时也决定了财务核算数据是否能及时准确报出。而事实是，真正有这种想法和视角的财务并不是很多，大部分人都被动地成为了“老会计”。

五、不要让“安逸”占据你的心理：我们都知道销售人员是很辛苦的，不仅要承受不断上涨的销售任务，并且还要不畏风吹雨打出去拜访客户，因此那些贪图安逸的人是无法做好销售的。很多客户在和我描述职业困惑的过程中，经常提到选择上班地点之类的纠结问题，相信大部分人会把这个问题作为选择工作的考虑因素，并且很多时候会成为一个决定性的因素。而我的观点恰恰相反：上班地点近了有助于让“安逸”占据你的心理。人们之所以在同等条件下选择上班近的公司，一般是不想把时间浪费在上下班的路上或有时间可以更好地照顾家庭，但这些都是典型的“安逸”心理的表现，真正的原因其实是近了他们就可以晚睡晚起了。如果大家仔细观察，会发现一个有趣的现象：离公司远的人普遍比离公司近的人到公司的时间要早，这是为什么呢？因为人一旦意识到了住得远了，为了避免迟到他会有意识地早睡早起，从而错开上班的拥堵高峰期，自然早早来到公司。并且他们普遍意识到了自己上班的辛苦——因为他们付出了比一般人更多的时间来上下班，自然他们希望回报更多，于是在工作上也将更加专注，更容易做出成绩。而那些住公司近的人由于在意识上有一种优越感，认为自己离公司近，不用起床太早，因此晚上会普遍睡得晚；早上也是算计着时间到公司的，基本是上班打卡前几分钟到，偶尔堵车或运气不好还可能迟到；并且到了以后也需要很长一段时间来逐渐进入工作状态。而相比早到的那些同事，他们每天的工作时间无形中少了一个小时，他们并没有意识到，他们其实已经高速运行在通往职业困惑的“大道”上。

每个人都是“销售”人员，不管你从事什么行业或岗位。因为你只要身在职场，就要找出自己的核心价值，并且将其转化为“成果”。

你是否已经意识到了？是否已经准备好了？是否知道该怎么做了？那么，准备行动吧！

不要让兴趣影响到你的目标

很多人常常会有这样的困惑：一份工作是自己的兴趣所在，发展前景也不错，可是却需要从头做起，收入也很勉强，到底该不该尝试？另一份工作自己不喜欢，每天上班就像上刑场，可是收入却还不错，所以自己为了生存不得不坚持下去。当自己的工作在现实与兴趣之间挣扎时，究竟该如何选择？

曾经有位已经工作三年多的年轻人，电力专业，毕业后从事与电力相关的工作，由于工作刻苦认真，收入涨幅很快。但由于始终对这个行业不喜欢，自认为在职业发展上有“天花板”，与其那样还不如提前准备，所以有了转行的想法。

由于他从小对动漫很感兴趣，并且也从多方渠道了解到，动漫行业未来会有很好的发展。于是，他给自己做的职业规划是，先从动漫公司的基础岗位做起，然后逐渐熟悉业务和积累人脉，争取在3年内做出成绩，终极目标是自己开公司。但是，从头做起意味着收入要大幅度缩水，对于来自农村的他来说，迫切需要赚钱养家，因此势必很难彻底割舍目前的工作。

在纠结了一段时间后，恰巧因为一些事情与领导发生了一些摩擦，一气之下，他毅然选择了裸辞。但是等到他冷静下来以后，才开始审视现实方面的问题：自己是不是真的适合做动漫行业？做这个行业的自身优势在哪里？虽然自认为有美术基础，但这些都是小时候的事情，后面并没有进行系统的学习和深造，基本要从头开始。虽然自认为拥有比较好的、超前的审美眼光，但是也仅仅局限于一些小地方，谈不上专业。并且，虽说动漫行业发展前景很好，但是这个行业什么时候才能真正发展起来是未知数。即使发展起来，具体到个人身上又能发展到什么程度更难以预测。毕竟每个行业都有混得好的，混得不好的则占大多数。直到此时，他才深深感觉到自己太鲁莽行事了，站在选择的十字路口左右为难，是遵从兴趣之路，还是为了生活继续电力行业，自己到底该如何抉择？

其实，现实生活中类似的例子还有很多。比如，很多女孩子都喜欢逛街买衣服，自认为对色彩搭配及艺术很有天赋，于是很想将其转化为自己的职业，比如服装设计类、服装购买类、色彩搭配类等等。她们之所以这么想，主要是两个方面的原因，一方面可以将自己的兴趣和天赋运用在工作中，可以做到兴趣与工作的完美结合，另一方面还可以摆脱目前枯燥乏味的工作，最终实现职业的更好发展。

引起对目前所从事的职业产生厌倦感的原因，可以归纳为外部因素和内部因素，外部因素主要由于自身工作的重复性、单调性、乏味性或不满意于工作环境，导致他们对按部就班的工作很难感受到成就感。

产生职业厌倦主要是由个人的内在因素引起的，很多人因为对工作缺乏积极性和兴趣，导致对工作及与工作有关的事物产生厌倦。只知道自己现在做的工作不能给自己带来成就感和快乐，却不知道自己内心最想要的是什么，令自己最开心的又是什么。空闲的时间总是会想：工作和快乐哪个重要？两者可兼得吗？于是，很多人会将自己的兴趣作为突破口，寄希望于将兴趣转化为自己的职业。于是在空闲的时候，开始琢磨如何发掘自己的职业兴趣，如何将自己的志向和兴趣进行融合从而转化为职业。

但是，问题接踵而来，一方面很多人将生活兴趣和职业兴趣相混淆，能够列举出的兴趣都只是生活兴趣，比如喜欢旅游、购物或看书，这些生活兴趣很难转化为真正的职业。另一方面从头开始从事感兴趣的职业，不仅需要很大的勇气，势必还要经历一个转型的阵痛期，做着基础的工作，拿着微薄的收入。每当想到这些的时候，很多人又很难割舍已经达到的工资水平，开始打起了退堂鼓。于是很多人即使一直在考虑，也很难下定主意。想烦了，就不再想了，于是说服自己选择逃避或是“顺其自然”。但几年后，很多人依然还在困惑这个问题，并且更加纠结。

如果个人的工作恰巧就是自己的兴趣，那么是非常幸运的，也是职业的最佳状态，这样可以把全副心力放在工作上。但如果不巧，不能通过自己的兴趣谋生，也不必失望，因为兴趣与职业之间也存在着诸多风险和隐患。

首先，培养兴趣的目的是为了放松和休闲，而一旦将其转化为工作的时候，将每天与其相伴，就像一日三餐只吃一道最爱吃的菜那样，非常容易产生厌烦情绪。

比如，很多人喜欢玩游戏，总想着若能从事一份与游戏为伴的工作该多好！不仅能够玩，还有工作收入。但是，很多人是“只看到贼吃肉，没看到贼挨打”。因为一个人一旦进入工作状态，势必要投入很多时间和精力，每天至少要8个小时，很容易导致满脑子都是游戏，连闭上眼睛都是游戏，特别痛苦。并且原来休息时还有游戏这个兴趣来做伴，但现在不会有了，谁愿意每天除了工作只剩下工作呢？

其次，兴趣一旦转化为职业，将对个人能力提出很高的要求。但个人兴趣并不代表个人能力，很多人的兴趣都是自己的一厢情愿，并没有进行过系统学习和相关积累。虽然可以信心满满地说自己可以从头学起，但绝大部分人可能会因为现实压力及个人意志力薄弱而最终选择放弃。

就像前面提到的这位年轻人，虽然他对动漫行业有兴趣，但是自身的基础及专业技能还很一般，从头学起需要一个漫长的过程。即使有兴趣，找不到对应的工作，也只能是空想。所以，职业兴趣只能作为选择的参考因素，而不是决定性因素。好的工作最重要的是综合各种因素，包括个性特征、优势特长、价值取向、职业竞争力等，要结合职业特征和职场需求来找到其中的平衡点。

最后，兴趣固然很重要，但有时兴趣只能是兴趣，毕竟工作和兴趣有着很大的区别。因为兴趣带有很大的随意性，并不专业，而一旦成为工作，那么势必要求足够专业和系统。比如，有的人对机械比较感兴趣，喜欢自己拆拆卸卸，但是真正从事机械类的相关工作后会发现，个人在平时拆卸的过程中全凭自己的爱好和想象，想怎么做就怎么做，完全以自己的兴趣点出发。但在工作中就不同了，因为工作都是机械的固定模式，不能依照自己所愿任意调整，更多的是执行而不是创新。所以，看似感兴趣的工作，身处其中后才发现其实很难感觉到期望中的乐趣。

其实，工作对于大部分人来说是赖以生存的手段，而兴趣是生活的调剂品，一个成熟的职场人会尽量把工作与兴趣分开。

因此，在看待工作的时候，不能抱有理想化和完美主义情结。比如，抱怨自己的工作机械和枯燥，但几乎所有的工作从长远来看，做久了都会有这样的感觉。好比两个热恋的人，不管开始的时候多么如胶似漆，日子久了都会出现摩擦和矛盾，这是事物发展的必然规律。这些不应该成为我们换工作的关键，因为工作就是工作，不可能要求一份工作可以百分百合乎自己的心意，而是尽量符合自身的现实情况进行选择。想清楚这一点，至少在苦苦追寻无果的情况下，不会感觉被现实抛弃。

个人认为，职业选择以及规划其实并非人生某一个时期的事情，而是一种长期的人生规划。当工作和兴趣之间不知该如何选择时，必须要牢牢把握这样一个观点：职业规划需要长远的视角，因为大家都熟悉这一个常识；即很多问题过几年以后，会发现其实不是什么问题，以前的担忧只不过是杞人忧天罢了。

人在四十岁前，应强迫自己做应该做的事，四十后才有资本做自己真正喜欢做的事。如果在四十岁前总是想着一些现实不允许的“兴趣”，它们不仅没有益处，相反还将成为一种沉重的精神负担，影响目前工作的效率，降低对本职工作的成就感。所以，我们如果目前不允许发展个人兴趣，可以把兴趣适当延期，当有一个好的经济基础的时候，再从兴趣中体会真正的快乐。

管理是一种成功方式

管理是什么？在很多人的心目中，“管理”这两个字既熟悉又神秘，虽然知道它的含义，却很难准确地描述，因为它应用非常广泛。

管理？谁不想做啊，每天开开会，把事情都分给手下去做，还可以拿着高薪，前呼后拥，多么风光啊！但是现实中的自己却没人提拔，所以，管理离我们普通人似乎很遥远。

管理真的离我们很遥远吗？有些人认为自己并未担任管理职务，因此，不必学习管理的观念与方法；也有人认为自己不喜欢管理的工作，因此不希望担任管理职位。但是，一个人不管是不是主管，是否都需要先管理自己？是否都需要安排每天的行程与工作计划？是否需要和上级处理好关系？是否需要和同事相处融洽？

因此，工作、生活中随时随地都需要应用到管理的知识。认为自己不是主管，便不需学习和重视管理，其实这是个非常大的误解，管理其实就在我们身边。

其实，我们每个人都是“管理”人员，也许我们很渺小，地位很卑微，但只要拥有独立的思维能力和良好的心态，就不影响我们做一名“管理”人员。我们的主要管理职责包括几个方面：

一、管理自己

理论上我们每个人都可以管理自己，因为我们的一言一行都是受大脑支配的，但是真正管理好自己的人并不多。想努力学习，却管理不了自己的散漫和懒惰；想谦虚待人，却管理不了自己的自负与骄傲；想和谐共处，却管理不了自己的自私与偏见。

因此，对于我们职场人来说，随时要给自己准备两盆水：一盆冷水用来洗头让自己始终保持清醒的头脑；一盆热水用来洗脚，让自己永葆管理的动力和激情。

管理自己，要求我们能够从早上一睁眼开始就认真执行给自己制定的各项制度，包括按时起床、吃饭、上班，按时完成各项工作任务和按时休息等。同时我们还可以管理自己的心态和意识，这些都能使我们更好地看待和分析外界的事物，不至于面对纷杂的世界而迷了双眼。

二、管理时间

管理就是用技巧、技术和工具帮助人们完成工作，实现目标。时间管理的目的并不是要把所有事情都马上做完，而是更有效地运用时间。时间管理除了决定自己该做些什么事情之外，另一个很重要的目的是决定什么事情不应该做，而不是胡子眉毛一把抓。时间管理最重要的功能是透过事先的规划，产生一种提醒与指引。

时间管理是对时间合理的安排和利用，但时间是固定的。因此管理的其实是个人的时间观念，这要求我们能够充分利用时间，知道自己当前的重点和重心是什么，不要纠结于一些不必要的事，不要让天气不好成为上班迟到的理由。不要和同事发生了一点小矛盾就每天挂在心上，而在上班的时候影响工作。不要因为工作上加了一会儿班，下班回家后就不看书和学习了。有这些想法的人一定是时间观念不强的人，而一个时间观念不强的人是很难有所成就的。

所以管理时间的目的是充分利用时间做让利益和收获最大化的事情。

三、管理上级

上级管理下属是理所当然的事，但说到下属也可以管理上级，可能有人要感觉有点天方夜谭了。很多人对此没有任何概念，而且还会加问一句：不会是你说错了吧？其实，管理上级不是要按照什么条条框框去限制他，也不是要去改变上级的行为，而是在平时的工作中，应对好上级会提到的一些问题，以积极的想法和做法，化被动为主动，让工作变得愉快和更有效率。

我们还可以为上司分分类，看看对于不同类型的上司来说，是不是有不一样的相处之道。不管上级的能力多么差，脾气多么不好，下属都不应该以一种生硬的态度和他对峙，而应该分析、总结，然后“收买”他。这里的“收买”是指不管他做得多么不好，都不要直接指责，而应采取一种更容易接受的方式来沟通。同时，这样能够通过自己的方式让领导看到自己身上的优点，让他认可你。

最后，**很多事情会发生矛盾其实是视角问题**，如果你站在上级的位置，从他的角度出发，也许你们会达成共识。因此，这个世界上没有什么事情不可以坐下来沟通的。

四、管理同事

同事，也许是我们在职场中相处时间最多的人了，甚至超过了我们的亲人和朋友，时间久了自然会产生很多问题。比如同事之间关系不融洽，工作互相推诿，互相在背后制造谣言或向主管打小报告，甚至有些老同事会欺负新来的同事，把很多本应该自己做的事情都安排给别人。

这些都是同事之间经常出现的问题，可以说同事之间的关系就像一把双刃剑，处理好了能够给工作带来很多便利，处理不好不仅工作做不好，还在很大程度上影响自己的情绪。所以我们在与同事相处的时候应该站在一个更高的视角来看待相互之间的关系。

首先你们是合作的关系。因此在工作方面一定要互相配合，不能互相制造事端和推诿；如果遇到不配合的同事可以尽量先去协调和沟通，而不要产生正面冲突。想想是不是自己哪里做的不够好，让对方怪罪了自己，实在不行可以采取上报至领导的层面来把问题处理好，但应注意说话的方式及语气。

其次是竞争的关系。因为很多管理层都是从一些基础岗位选拔出来的，所以很多时候同事之间就产生了竞争的关系。如果有人对你的勤奋工作和你由此而获得的升职机会而感到愤愤不平，永远不要指望他能够转变态度成为你的朋友。因此对于这一种情况应该坦然和淡定一些，只要你能够坚守住自己作为管理人员的职责，知道自己应该做什么，你就完全可以维持住自己以前在工作小组中的社交圈，还可以像从前一样和老同事去吃饭，参加他们的聚会。

最后如果你遇到了一些很极端的同事，你也不必太刻意地回避对方。从心理学来讲，**一个人在刻意掩饰什么，就说明他内心缺少什么**。你应该站在理解和同情的角度来想想造成他这样性格及处事方式的原因是什么，是不是他的家庭背景、教育背景抑或是其他的原因，也许等你了解清楚以后，你会不自觉地对他产生同情。

其实我们可以管理的还有很多，比如管理父母、管理朋友、管理压力、管理情绪等。所以关键还是看你想将其管理至有序化和科学化，还是顺其自然，听之任之。如果你想管理好与自己相关的一切，那么恭喜你，你现在也是一名管理人员了！现在，是不是应该准备按照上面的管理制度来执行了？

三分规划，七分执行

有些人把职业规划理解为出点子，我觉得有必要解释一下，点子可以说任何人都可以出，相信这也是大多数人寻求帮助的主要目的。比如在论坛发贴、加QQ职业群等寻求帮助，便会有热心人来回复或提出自己的看法，这都可以称之为点子。但点子也许是有帮助的，但其作用是短暂、有限的，不可能解决根本性的问题。尤其对于一些比较复杂的问题，别人提出的点子，往往带着自己的经历和阅历，并且有很大的个人主观性，更像蜻蜓点水，浮光掠影。

点子相当于海滩上的一颗颗珍珠，虽有价值，但是零散。职业规划的理论体系就像一根线，只有把点子串起来，才能使它成为一串美丽的项链。并不是因为我是职业规划师才一直强调职业规划有多重要，事实上任何人都无法回避职业规划，之前可能更多是你没有意识到或它以另外一种面目出现而已。

也有些人以为，职业规划师可以包揽一切。其实不是这样的，职业规划师在接案例前一定会了解客户的家庭背景、教育背景及工作经历，对于有些我们目前不擅长和没信心的情况会婉言谢绝。因为我们知道自己不是神，对于那些工作太久或太强势的人来说，职业规划师的意见也许是很轻微的，所以我们不敢说职业规划能“包治百病”。并且要我对某一个并不了解的行业发表评论的时候，我一般不会去回答。

世界上成功的人有多少？真正能完成自己计划的人只有5%，大多数人不是舍弃了自己的目标，就是沦为缺乏行动的空想。随着职业规划在国内的广泛普及和发展，很多大学生及职场人士逐渐认识到了职业规划的作用和意义。目前做职业规划有多种形式，有自己给自己做的，有向职业规划机构寻求帮助的，也有向自己的亲戚朋友咨询建议等等，简单来说主要分为自助型和他助型两种。

自助型：

很多人在遇到困惑后便通过研究职业规划的相关书籍，在网上做各种职业测评的方式，帮助自己了解和确定职业兴趣及职业方向。虽然也看了不少职业规划书籍，掌握了不少理论知识，在网上做过了很多种职业测评，貌似有了答案，但执行起来的时候很难真正坚持下去。

他助型：

主要是指那些在他人的帮助下来完成认识自己和制订职业规划方向的人群，比如去职业规划机构或咨询亲朋好友。有的人在咨询完后，明确了自己的职业方向，也制订了相应的执行步骤，自己更是信心满满，但过了几周或几个月后便开始松懈，坚持不下去了，于是在纠结中度日，又恢复到了原来迷茫的生活状态中。

每个人都知道职业规划的步骤及注意事项，但为什么还会出现虎头蛇尾的现象呢？主要原因主要有三个：一是过度依赖职业测评，二是对职业世界不了解，三是自己急功近利或意志力不坚定。

很多人在了解自己的过程中，过度依赖和相信职业测评及其结果，认为职业规划等同于职业测评，自己只要在测评结果里的职业方向中进行筛选即可，于是会花很多时间去钻研各种职业测评，在我遇到的众多咨询者中就有不少对职业测评如数家珍的，他们对MBTI、霍兰德、16PF和九型人格侃侃而谈，还能够说出一些专业术语，但还是不知道自己该做什么和具体该怎么做。

不可否认，这些国外的职业测评对于了解自己有一定的帮助，但是，职业测评好比是在真空状态下进行的，没有考虑测评者的家庭背景、教育背景及职业价值观等客观因素。因此，对于两个完全不同背景的人来说，即使得出的测评结果完全相同，在现实中执行起来的结果也是大相径庭的。

所以，我们更应该以一种参考的心态来看待职业测评，不可太过于极端，那样的结果只能浪费太多的精力，走更多的弯路。

对于自助型的人来说，很多人主要遵循“读书百遍，其义自见”的原则，误以为只要多看职业规划相关的书籍，掌握了理论和步骤就可以自测出自己的职业方向。殊不知职业规划的本质并不仅仅靠理论来决定的，理论知识可以作为战略上的支撑点，但关键还是要用社会实践和积累来做为战术上的执行力。

职业规划本身是一个高度抽象和概念化的流程，用几段话就可以将其流程表述清楚，只是听那些抽象而晦涩的词汇只会让人感到苍白无力，并不知道该怎么规划和抉择。职业规划的本质建立在职场中各个因素的基础上，没有职场经历和阅历来做支撑，空谈职业规划的理论只是镜中花、水中月罢了。很多人则是过于注重前者，忽略了后者，所以造成了在职业方向上只能停留在远远观望“空中楼阁”的境地，做出的职业规划看上去很美，但是难以企及。

同时，因为现实是瞬息万变的，很多人在执行过程中没有随着现实的变化而将执行步骤和策略进行调整；相反，只是僵化和固执地执行，直到走不下去的时候才发觉自己已经偏离了当初的目标，然后又会陷入自我怀疑的境地，自己走这条路到底适合吗？是不是还有适合的呢？

因为很多人长期以来养成的浮躁、急功近利等原因，导致在执行制订好的目标时缺乏足够的耐心和毅力，急于做出成绩。具体表现在开始的时候信心满满，于是把每天的学习和计划安排得很满，但好景不长，这种高强度的策略导致他们易于疲惫，在坚持了一段时间后终于还是放弃了。

同时，意志力不坚定也是制约很多人执行的问题，咨询者年龄越大，这一点表现得越明显。因为人随着年龄的增长，学习能力及可塑性在降低，而顾及现实的因素却在增加。例如在执行过程中，很多人总是很苦恼，因为他们每天用来学习的时间太少了，时间都被一些生活琐事分散，原定计划已经被抛到脑后了。很多职场女性一般每天会花很多的时间放在照顾和教育孩子上，会无形中压缩职场方面的投入时间，自然执行的效果就差强人意了，于是很多人就会安慰自己，反正年纪不小了，就这样凑合着过吧！

通过上面的分析，我们发现“自助型”的主要问题在于过分理论化，缺乏现实意义的指导，可谓是“先天不良”。而“他助型”则存在执行力差或没有进行及时沟通和调整的弊病，可谓是“后天不足”，下面我将结合实际来谈谈上述情况下该如何改进和提升职业规划的效果。

一、遵循方法：

对于自助式的人来说，由于自己的认识缺乏客观性和深入性，导致在解决“我是谁”和“我有什么”时得出的结论和自己的实际情况出现了一定的偏差，自然在规划的时候会高估或低估自己的实力。

因此，在规划的过程中不能一个人“闭门造车”。首先，应该主动与有经验的人沟通，比如同事、领导或者有经验的亲戚，分别问下你在他们眼中的特点，这样才能更加全面而客观地认识自己。

其次，要审视下自己目前的行业知识积累，尽量增加对不同行业的认识。很多人对于行业的了解大多停留在很浅的一个层面上，不知道该行业的特点、运转模式及弊端，一旦进入行业以后才发觉自己非常不适应。比如，很多人羡慕银行岗位的光鲜，但不知道里面的很多基础岗位很难进入，并且很辛苦，每个人有贷款指标的压力，动不动就扣钱。如果在进去之前对这些情况有所了解，相信就会避免上述问题。

最后，很多岗位不是供人玩耍和随意发挥的。比如很多人仅仅知道导游可以到处去玩，但不知道其中的辛苦和低薪；仅仅知道设计类的岗位可以随意发挥自己的想象力，但不知道商业设计以客户的需求为最终目的，客户不满意就要不断地修改。如果不能客观认识行业的本质及特点，只能导致自己的很多想法在强大的现实面前屡屡碰壁，让规划很难真正执行下去。

二、强调过程：

个人认为，职业规划应该是一种"素质教育"，不是"应试教育"。职业规划的结果很重要，过程同样也应该重视。就好比去医院就医时，医生不仅给我们治疗病，还会叮嘱我们要注意个人的生活习惯和饮食卫生，目的就是要你在接下来的日子中注意保养，避免旧病复发。

职业规划的最高境界"授人以鱼，不如授人以渔"，即希望在职业规划的过程中能够让客户培养独立分析和思考的能力。虽然职业方向已经确定了，但仅仅是一个开始而已，现实生活总是瞬息万变的，一定还有很多亟待解决的困难。如果只是单纯地知道目标，而不知道如何去分析问题和排解荆棘，到达目的地的时间及效果肯定是大打折扣的。

因此，职业规划的过程，也是"择其善者而从之，其不善者而改之"的过程，如果真想让职业规划起到最大的效果，就不能仅仅只通过规划来认识自己和解除困惑，还应该有一个培养和锻炼自己能力的过程，比如信息查找、归纳和总结的能力，看待问题本质的能力，等等。这些也是很多人的不足，一个很简单的问题，明明可以自己在互联网上搜索出答案，自己却没有这个意识，只会一味去问别人。

三、重视执行：

不管是自助型，还是他助型，都存在一个严重的问题，就是都没有深刻认识到职业规划是"三分规划，七分执行"。很多人认为自己规划完了就算成功一半了，认为既然该规划适合自己的方向，那么执行数周或几个月后会自然取得明显进步。正是基于这种急功近利的想法，很多人在执行中一旦遇到问题，便开始松懈，停止努力了。

如何将“三分规划、七分执行”贯彻下去呢？

首先，我们需要为自己的规划做好长期努力的心理准备，不能太急功近利，毕竟很多时候积累是无形的、缓慢的，短期内是看不到效果的。其次，要在执行过程中学会合理分配精力，不要开始的时候过于拼命，开始透支越多，到后面越容易放弃。最后，进行阶段性的总结，可以以日报、周报、旬报或季报的形式来看自己的进展，这样就不至于因为某天心情不好而完全否定自己的努力。

认识与接受人生的不完美

Perfect（完美）一词很令人向往，因为它代表着没有缺陷、无可挑剔，表示了一个登峰造极的状态。但也可以说，完美是很多完美主义者的墓志铭。生活中追求完美的人不计其数，比如，很多人都希望将事业有成、身体健康、家庭和睦、经济自由等优势集于一身。但放眼茫茫人海，真正能够实现到的却寥寥无几，能够达到十全七美或八美已经非常难得。

在职场中，试图追求完美的人也不计其数，光是我每天的咨询工作中就曾遇到很多。他们抱怨工作时间长、工作条件艰苦、感觉不到进步等种种不完美，想重新进行职业规划与定位。其最终目的是希望能够尽快实现收入的高速增长，这样就可以孝敬父母或提前退休，届时可以去游览祖国的大好河山或出国休假……

于是，很多人都会不约而同地问我：李老师，我觉得目前的职业与自己的规划并不匹配，您看有没有最适合我的职业呢？或者有没有完美的职业推荐给我？他们语气中透出的味道似乎是，只要找到了这个与自己匹配的所谓的完美职业，就会奋不顾身地投身其中，从而成就一番事业。

其实，这种追求完美的想法非常片面。我通过大量案例分析发现，越是抱有这种想法的人，越容易觉得失望，因为他们把职业规划想得过于简单和轻松。世界本来就是由不完美的事物组成的，职场同样并不完美，职业规划更不是万能的，**不可能把所有的问题都让职业规划来解决，它承载不住泛滥的期待**。

基于这种完美意识，很多人在解决职业匹配问题的时候表现得坚定异常，认为自己可以为美好的新工作从头再来，可以不在乎开始的工资，更可以从低端做起。先不说用人单位是否会给他们工作的机会，光是这些豪言壮语就让人感觉背后的软弱无力、不堪一击。因为用人单位在选择和录用员工的时候有个标准，对于刚毕业的人，主要看应聘者的专业是否对口及潜质如何；毕业后的人主要看工作几年来的职业经历及专业积累。我们应该能够接受一个概念，就是职业是需要有延续性的，不是说你想去什么行业或岗位就一定可以做到，而是基于每个人的特长及积累，不是随便说说就可以解决所有问题。

曾经有位英语专业的咨询者，已经工作三年多的时间，虽然他的工作与英语有关，但毕竟英语只能算是工作的辅助工具，谈不上有多专业，只是比一般人略有些优势。咨询过程中他一再强调自己有学习英语的天赋，并且信誓旦旦地告诉我，他要坚持向英语口译方向发展，可以为之付出不懈的努力，并且准备先在职花一年的时间来考口译证书。

但是，一个多月以后他告诉我，他决定放弃了，因为这个过程真得很痛苦。如果说身体上的疲倦还可以忍受的话，内心的那种煎熬和挣扎是他感觉最难承受的。

在这一个多月的时间里，一方面，他放弃了很多个人的休息时间用来学习，让他觉得这种日子很清苦，没有与人进行什么交流，日子久了便失去了以前学习的乐趣。另一方面，学英语本身是一个需要长期积累的过程，仅仅几个月学习所能看到的效果是微乎其微的，并且他开始时求学心切，给自己定的学习内容非常满，导致他没多久就承受不住，直到最后完全丧失信心。

最后，我不得不在他所从事的工作内容内为其重新进行了职业定位和规划。虽然他走了一点弯路，但是他至少明确了一点，就是不要因为当前工作不好就想转行，而应该是想转的行业自己能够胜任或者准备得足够好。

他的案例提醒我们转行时应该考虑两个关键因素：

一是实现该职业所需学习和深造时间的长度。毕竟很多厚积薄发类的行业和岗位不是简单培训几个月就可以从事的，需要具备比一般人要突出的专业性，至少需要几年理论加实践提升的过程。这将意味着你要从基础和简单的岗位做起，付出大量的时间成本是显而易见的。

一是个人的意志力问题。很多人在做事以前总是信心满满，开始也会很努力，但是很多时候不能持之以恒。这其中有个人性格的因素，最为重要的还是个人低估了现实的难度及急功近利的心态。在做以前总是习惯于给自己描绘一个美好的蓝图，想象如果做好了就可以如何如何，但是从未想过如果自己失败了将会怎么样。加之自己总是很想快速出成绩，自然就容易因失败陷入自我怀疑的境地。最终，在坚持几个月后因为没有结果不得不放弃。看似完美的计划却暴露出很多人对于自己的职业规划过于单一和片面，所以不可避免地再次陷入困惑中。

我做过大量的客户咨询后发现，绝大部分人并不适合转型。因为不管从个人积累还是从实施难度来说，转型都比做好目前这份工作的难度要大很多，不如换一个更加客观、真实的角度来看待自己的职业及发展。不要因为不开心就换职业，因为再好的公司里也有不快乐的员工，再烂的公司也有快乐的时光，不要把自己的完美主义情结放到职业期望上。

我们更应该学会用一颗追求完美的心态在本行业、本公司或本部门寻求挑战和提高，毕竟职业是需要积累的。在一个行业待久了，岗位上的事情做得多了，做得快了，总结得多了，也是一种核心竞争力。

我们大部分人，没有显赫的家庭背景，没有名校的光环，没有高深的专业造诣，所以更应该清醒地认识到，很多工作我们已经很难涉足。因此，不应该用比尔·盖茨的成就来庸人自扰。毕竟现实是复杂的，不仅需要个人能够有比较强的综合实力，还要看机遇，看背景或人际关系的积累等。很多时候一个人的成功是他的家族几代人或超强人脉共同作用的结果。

虽然我们每个人的职业不完美，社会地位也不高。但是，我们不应该拿着放大镜看待自己的缺点，而拿着显微镜来看待行业或职业的不足。任何职业对于从业者来说都存在着利与弊，比如人们常说外科医生工作报酬高，同时具有一定的社会地位，但是相信很多人不知道由于工作紧张和工作时间不规律，医生也会得上职业病。与其“这山看着那山高”，不如“干一行，爱一行”，任何工作的发展都是踏踏实实做出来的。如果你连基础的工作都做不好，即使有机遇得到一个平台也很难把握住。

如果你现在没有明确的方向，请做好手边的工作，生命本身就是一个修炼的过程。只看你是否把每一份工作都当作经验的源泉，任何工作都是一种经历，都可以给你锻炼，你也都可以运用自己的聪明才智将其做到最好。正所谓“三鸟在林，不如一鸟在手”，做好力所能及的一件事情比梦想中做三件事情还要可贵。

我一直提倡对待工作要一种务实精神。所谓务实，并不是说按部就班或循规蹈矩，更不是没有梦想、不求上进，而是以一种踏实的心态与低调的姿态来完成工作。“临渊羡鱼，不如退而结网”，踏踏实实地做点基础工作胜过抱着空想度日，有了进步，自己才会更有信心。就像火红的高粱，越成熟则头垂得越低，这才是真正的境界！

总之，**不管是现实生活，还是竞争激烈的职场，都没有完美匹配这个说法**。就像苹果公司标志的那个缺口，象征着完美没有止境。我们要学会接受不完美和残缺美，不管是现实生活，还是职场中，最好用积极的心态来对待身边的每个人、每件事、每份工作，不是吗？

最深刻的理解就是认识自己

不管是电视媒体、网络论坛，还是各种铺天盖地的职场宝典或秘笈，都一再强调转行或换工作应该遵循人与职业匹配的原则，即人职匹配。

人职匹配理论即关于人的个性特征与职业性质相一致的理论。其基本思想是，个体差异是普遍存在的，每一个个体都有自己的个性特征，而每一种职业由于其工作性质、环境、条件、方式的不同，对工作者的能力、知识、技能、性格、气质、心理素质等有不同的要求。进行职业决策（如选拔、安置、职业指导）时，要根据一个人的个性特征来选择与之相对应的职业种类，即进行人职匹配。

如果匹配得好，则个人的特征与职业环境协调一致，工作效率和职业成功的可能性就大为提高；反之则工作效率和职业成功的可能性就很低。因此，对于组织和个体来说，进行恰当的人职匹配具有非常重要的意义。而进行人职匹配的前提之一是必须对人的个体特性有充分的了解和掌握，要多从个人的特长及爱好入手，这样可以保证职业兴趣的持久性。只有持久的动力才能够做出足够的成绩。但这个理论的应用要具备一个基本条件，那就是作为求职者和用人单位，两方面的资源应相当丰富，如果有一方的资源过于单一和匮乏，那么人职匹配的完美和谐，只能够成为人们的一种期待。但很多人将人职匹配这个原则当作找工作的金科玉律，对其膜拜不已。殊不知，往往可能是不信则已，越信越迷茫。

很多陷入迷茫的职场人都会想办法看一些关于职业生涯规划的书籍，不仅有国内的，还有不少国外的。同时，也会按照人职匹配的原则尝试着分析自己的特长及兴趣，但是真正进行职业匹配的时候才发觉很难下手——自己很多特长大多数是生活特长或兴趣，而不是职场特长或兴趣，不足够专业和突出。

比如，很多人说自己爱好广泛，但基本上局限在唱歌、跳舞、美食或上网等休闲方面。很多宣称自己喜欢看书的人其实看的是武侠小说、时尚杂志、通俗历史或心灵鸡汤之类的书籍，自己认为的特长无非是比较好的团队意识，能吃苦耐劳等。这些“优势”其实是很多人都具备的，并不存在差异化，并且越是这么说的人往往越是不能真正吃苦的。诸如此类的兴趣或特长，其实很难作为职业匹配及选择的突破口。

理论上说，两点之间直线距离最短，但是放在职场中，这句话不一定成立。因为职场的路上很难有标准的直线，即使开始是直线，受到多种因素的影响后也不得不变成曲线。因此，职业匹配具体操作层面的问题不仅仅是个人与职业的问题，还要取决于很多客观因素。

个人认为，人职匹配的出发点并没有错，但错就错在很多人解读得过于片面。一个人想在职业上进行匹配，个人的特长及兴趣不是唯一的参考因素，很多时候只能作为一个备选或差异化因素。

对于大学生来说，读大学的几年时间中可以充分考虑个人的兴趣及特长。但是，对于已在职场的人来说，再要考虑兴趣就会变得很难。一方面，很多人的特长早已荒废很久；另一方面，用人单位也会考虑人才的性价比及可塑性，招个一知半解的职场人还不如招应届生进行培养。

为什么很多人工作多年都很难说出自己的特长？在我看来，主要有三个方面的原因。

一、很多人不善于观察、思考和总结，性格大大咧咧，虽然每天都在与人打交道，却不知道自己的优势到底是什么。如果你是这样的，不妨好好反思或者广泛向周围的人询问一下。

二、很多人是常规型的人，个人的天赋不是很明显，加上大部分时间在随波逐流，没有努力培养特长和优势的意识，自然到了需要真正说出自己优势的时候，却不知道从哪里说起，于是只能说出一些宽泛的所谓特长。

三、独生子女从小到大都受家长的左右，基本按照家长的意愿来学习和生活，也就导致他们在小的时候便丧失了自己的兴趣，更多的是在执行命令。

即使这样，很多人还是有着一颗“英雄般的心”，觉得自己希望做的工作是有发展空间的，有挑战、不枯燥、“钱景”可观……理想很美好，但现实很残酷，理想的火花在和现实的碰撞下，一次次被熄灭，导致最后自己仅仅剩下一颗“英雄的心”，行动却早已变得迟缓。虽然会不甘心，但也无能为力。

↘ 有个咨询者在第一次见面的时候告诉我：李老师，我知道自己各方面都很一般，没有什么特长，更没有什么大的理想，所以，我只想成为一个普通的人，随便找份工作就可以了。但是过了几天，她告诉我说，她受到了现实的刺激，发现自己的想法太幼稚，感觉自己还是很需要钱，不管怎样，她都想通过自己的努力成为一个事业有成的女强人。

可见，人的心理特征不是一成不变的，而是处在不断的发展变化之中。尤其对于很多年轻人来说，职业兴趣不是一成不变的，会随着自身的发展及现实的变化而发生改变，具有相对的不稳定性。

个人建议，这时候你需要进一步来探测自己，比如问下自己，哪些特质是你根深蒂固的，没有这些特质了，你就不是现在的你了；哪些是附加的，即使失去也不难受，而且不影响你的正常生活。这些都是非常关键的因素。同时，在职业匹配面前，人不是被动地适应职业，而是不断地调整和改变自己的某些活动特点和个性特征，以主动的方式去适应和从事职业活动。

并且，很多工作机会一旦错过，就不再是你想做就能做的。比如，很多人在大学毕业的时候自认为对本专业没有兴趣或没有学好，开始就放弃从事所学专业的工作，而选择了一个与专业毫无关联的就业方向。这时需要想清楚，因为如果在工作几年遭遇职业困惑后，还想做所学专业工作，难度将变得非常大。不仅仅是用人单位给不给机会的问题，重要的是自己是否还有勇气和信心来重新学习该专业？是否能够面对那些曾经在同一起点却已经有所成就的同龄人？

这些不确定并不能在我们心里产生足够的成长动力，这些动力经不起牢骚、迷惘的冲击，更经不起时间的冲击。所以，**既然回不去了，那么最好勇敢地往前走下去**。

可见，一个人的工作应该由自己的兴趣或特长、个人积累（可能不是自己擅长的内容）及现实需求来综合决定，一份工作不用将这三个因素全部囊括，但至少应满足前两项中的一项，否则很难与社会现实很好地结合。

当然，任何事情都不是绝对的，一个人的主观能动性往往发挥着很大的作用。例如，一个人的口才好不等同于沟通力强，因为说得多不代表别人一定会感兴趣。相反，有不少性格内向、口才一般的人很想做销售。按照常理来说，他们的想法是不明智的，因为他们在口才及专业方面并不存在优势。但是他们有非常强烈的进取心和不达目的不罢休的坚定信念，而这种进取心和信念在很大程度上可以弥补性格及口才上的不足。虽然他们在很多方面和很多人相比没有足够的优势，但是我们应该明白，**这个世界不是有钱人的世界，也不是有背景人的世界，而是有心人的世界**。应该相信“勤能补拙”，并应为之不懈努力。口才不好可以锻炼，知识不多可以积累，困难也可以想尽办法克服，只要坚定地走下去，虽然不一定每个人都能实现卓越的成就，但肯定会实现个人价值的最大化。

很多时候不妨对自己狠一点

在国内经济快速发展的形势下，越来越多的人出现了职业困惑。如今的中国人职业满意度越来越低。

↘ 据多家网站及权威媒体进行的一项职场调查显示，只有23.32%的人对自己的职业感到满意，40%的人则明确表示了不满意。同时，有50%的人认为自己的职业困惑是因为缺少发展空间，40%的人觉得原因在于收入太低，30%的人认为个人兴趣与工作不符合。

很多人之所以萌生想转行的想法，其中一个主要原因是觉得目前的工作与自己的性格不匹配，于是想去从事自己性格相对擅长的工作——不可否认，现实中很多人存在性格与工作不匹配的现象。

但是，据我了解和分析发现，近一半以上人的职业与性格不匹配其实只是一种托辞。因为，他们从开始就没有对目前的工作真正塌下心来钻研和学习，仅仅是用做完，而不是做好的标准来要求自己。一旦出现自己对行业不满意的状况或者看似进入瓶颈期的时候就会萌生转行的念头，还有不少人因为身边的人在某个岗位或行业混得比自己好，便也想转行。

有位从事会计工作的年轻人，专业对口，对工作也有兴趣，但是慢慢发现，会计是一个需要足够耐心和细心的岗位，而她是个做事很粗心的人，经常丢三落四，为此还经常受到领导或老同事的批评，觉得很没面子，所以萌生了转行的念头。

我问她：你知道什么工作需要粗心大意的人吗？你既然有粗心大意的缺点，就应该想下如何改进，而不是直接用转行来逃避。她幡然醒悟，明白了我的用意。

试想一下，如果她在工作态度及认识上不进行改正和调整，粗心、急躁等基础职业素质没有针对性地改进，即使成功地换了工作，恐怕还会遇到同样的问题——她很可能会以工作岗位与性格不匹配为借口继续换工作。也有人认为，粗心的性格，在那些与人打交道的工作中可能会好一些，比如销售工作。但我们应该想到，一个销售可能因为粗心大意而将数据弄错，从而给公司带来不必要的损失，这样的例子在现实中屡见不鲜。

粗心大意及没耐心等缺点，很多时候是因为态度不端正及认识层面的问题，而不是性格不适合。这是过于爱惜自己的缺点，对自己不够狠造成的，只需端正工作态度，逐渐培养严谨的工作作风即可逐渐改善，完全没有必要通过转行来解决这类问题。

不过，有一些工作，可能是我们不擅长的，不擅长的工作一定没有前途吗？相信很多人的答案是肯定的，但是，我更想说三个字：不一定。

我自己当初进入职业规划领域的时候也是懵懵懂懂的，更没有自信说这就是我擅长的，只能说具备某些的潜质，相反，心里更多的是不自信和小心翼翼。众所周知，职业规划在国内还只是一个新生事物，没有人教我该做什么，更没有足够的经验，虽然有相关的培训机构，但是一周的培训很难真正教会什么，更多还是要靠自己来摸索。

但是，我相信路是走出来的，绝对不是靠想出来的，更不要在走之前就把路堵死。所以，自己这么多年一直坚定地走了下来，很辛苦，但收获也颇丰。一直到现在也是如此，依旧没有人告诉我每天该去学什么知识和做什么内容，但是自己每天都在学习和钻研。这些都是用心和专注的结果，绝对不是自己的性格有所擅长。因为在中国比我适合这个领域的人有很多，他们的口才更好，思维更加缜密，职业经历更加丰富，专业性更强，但缺乏的恰恰耐心、用心和“狠心”。

个人认为，个人所谓的擅长或优势仅仅是一个敲门砖，工作以后就得看自己如何运用好优势及特长。很多人自认为在这个行业具备明显的优势，在转悠了一圈后，发现这里没有想象中的“金矿”，便“毅然”离开了，去寻找下一个“金矿”，而我每天还坚守在这个领域不断地成长和前进。虽然自己也有时候会想，如果自己当年还在别的领域，付出同样多的时间和精力，职业发展应该也不会比现在差。但仅仅是想一下而已。我相信“天道酬勤”四个字，它不管在任何领域都适用，只看你是否有这个耐心。

很多人在进行职业匹配的时候，总是抱有“癞蛤蟆”心理，总梦想着突然有块天鹅肉落到自己的嘴中。他们给自己定下很多择业标准，比如，这个工作要有发展空间，有挑战性，有社会地位，有不断增加的收入，但不能太枯燥乏味，不能一成不变，不能出差或加班等等。但是，如果问他有什么特长或积累了哪些技能的时候，他们能说的只有两个字——没有。

可以说，他们所期望的工作是不存在的。因为“水至清则无鱼，人至察则无徒”，人太精明而过分苛察，最终的结果只能是让自己无路可走。

虽然职业道路千万条，但没有哪一条路是好走的，都需要你能够低下头来脚踏实地地前行。当然，轻松的路也有，那就是走下坡路。

因此，我们进行职业匹配不能总是用一些条条框框束缚来自己，这个不想做，那个没意思，这个工作辛苦，那个工作上班时间长……工作就是工作，本质上先要赚钱养家，然后才考虑个人成就感。如果你目前毫无技能和特长，那么只能从最基础的岗位做起，哪怕这个工作不是你想要的。**学会做最基础的事情，就是职业生涯的第一课。**

跋

写给遗失了梦想的年轻人

很多年轻人之所以会遗失了梦想，很大程度在于，他们从初高中的题山题海中释放出来时，就开始放声高喊：终于解放了！于是纵情欢笑，开始狂奔，迫不及待地庆祝期盼已久的“自由”。当他们踏进大学校园，渐渐发现过分的自由也不是一件好事。因为他们开始变得懒散，开始变得不爱学习。不知不觉间面临毕业时，才发现大学几年似乎一无所获，很多人开始迷茫，开始惶恐，甚至开始害怕。因为大学那最美好的时代竟然被如此虚度，随之溜走的还有多年前的那些远大梦想。

几年前，当我开始写职场文章的时候，发现自己和其他很多写职场文章的人一样，喜欢对职场新人说教或指指点点，告诉别人应该如何，不应该如何，并把“很多事不是看到了希望再采取努力，而是努力了才能看到希望”当作口头禅。真是应了那句话，好为人师是人性的一个弱点。

实际上，我很多时候是很犹豫的，因为职业规划在中国是一个不成熟且大众认识两极分化的行业。认同的人觉得很有必要，并且越早规划越好；不认同的人觉得就是职业规划就是一群骗子忽悠人的把戏。

最终，让自己有勇气写完这本书的原因在于，一方面是当下有太多的年轻人想努力却没有方向，需要有人给予一些指点，也许我不经意间的一句话或者一个案例分析，就可以改变很多年轻人的生命轨迹，那该是一件多么奇妙的事情！另一方面自己作为一个亲历者，每天都在和全国各地的年轻人打交道，对他们有太多的感触而无处交流，总想写出来给自己和他人一些启发。毕竟这些都是发生在每个人身边的最现实的人和事，不存在虚构情节，似乎比一般的专栏作家似乎更有发言权。只是需要将碎片化的职场知识进行汇拢，努力将其形成“块”，变成“面”，甚至是“体”。如果做不到让读者深省思考，那就希望让读者会心一笑。

如果你现在已经没有了当年的踌躇满志，或者曾经栽了一个很大的跟头，没关系，生活其实就是这样，因为磨难遍地都是。但是请你记住：不管你现在如何落魄，请趁着年轻对自己“狠”一点，不要放弃自己，每天多一点点努力，你离成功和幸福就会更近一点儿。